21世纪高等院校计算机实用技术系列教材

几何画板5.X课件制作实用教程

（第3版·微课版）

缪 亮　盘俊春　纪宏伟　主编

U0223265

清华大学出版社

北京

内 容 简 介

几何画板是最优秀的数学、物理教学软件之一。新版几何画板 5.0 的操作更简便，功能更强大。本书通过几何画板的经典实例和课程整合典型案例全面讲解几何画板课件制作与课程整合的方法和技巧。

全书共 7 章，以实例带动教学，前 3 章详细介绍几何画板软件的基本操作、绘图方法和新增功能，后 4 章通过典型实例介绍如何用几何画板进行课件制作和课程整合。每章都配有"本章习题"和"上机练习"，既可以让教师合理安排教学内容，又可以让学习者举一反三，快速掌握本章知识。

在配套资源中，提供了本书用到的课件范例源文件及素材。为了让读者更轻松地掌握几何画板课件制作技术，作者制作了配套微课视频。微课视频包括教材的全部内容，全程语音讲解，真实操作演示，让读者一学就会。

本书可作为各类院校数学、物理、计算机专业的教育技术教材，中小学数学、物理教师进修培训教材，中小学生研究性学习的选修教材，也可作为广大多媒体课件制作爱好者的自学用书。

图书在版编目（CIP）数据

几何画板 5.X 课件制作实用教程：微课版 / 缪亮，盘俊春，纪宏伟主编.—3 版.—北京：清华大学出版社，2021.10（2024.7重印）

21 世纪高等院校计算机实用技术系列教材

ISBN 978-7-302-58602-9

Ⅰ. ①几… Ⅱ. ①缪… ②盘… ③纪… Ⅲ. ①几何 - 计算机辅助教学 - 应用软件 - 高等学校 - 教材 Ⅳ. ①O18

中国版本图书馆 CIP 数据核字（2021）第 131588 号

策划编辑：魏江江
责任编辑：王冰飞
封面设计：刘 键
责任校对：时翠兰
责任印制：丛怀宇

出版发行：清华大学出版社
　　　　网　　　址：https://www.tup.com.cn，https://www.wqxuetang.com
　　　　地　　　址：北京清华大学学研大厦 A 座　　　邮　　编：100084
　　　　社 总 机：010-83470000　　　　　　　　　邮　　购：010-62786544
　　　　投稿与读者服务：010-62776969，c-service@tup.tsinghua.edu.cn
　　　　质量反馈：010-62772015，zhiliang@tup.tsinghua.edu.cn
　　　　课件下载：https://www.tup.com.cn，010-83470236
印 装 者：北京同文印刷有限责任公司
经　　销：全国新华书店
开　　本：185mm×260mm　　　印　　张：14.5　　　字　　数：352 千字
版　　次：2012 年 4 月第 1 版　　2021 年 10 月第 3 版　　印　　次：2024 年 7 月第 7 次印刷
印　　数：53501～55500
定　　价：45.00 元

产品编号：089786-01

前　言

党的二十大报告指出：教育、科技、人才是全面建设社会主义现代化国家的基础性、战略性支撑。必须坚持科技是第一生产力、人才是第一资源、创新是第一动力，深入实施科教兴国战略、人才强国战略、创新驱动发展战略，开辟发展新领域新赛道，不断塑造发展新动能新优势。高等教育与经济社会发展紧密相连，对促进就业创业、助力经济社会发展、增进人民福祉具有重要意义。

新课程标准提倡自主探索、动手实践与合作交流的学习方式，要求在教学过程中以教师为主导、学生为主体。几何画板就能很好地实现学生的主体地位，在学习的过程中，学生不仅仅是知识的容器，而且是探索者，几何画板有助于学生能力的培养。几何画板能完善教师的主导地位，使教师不再是知识的灌输者，而是实验情景的设计者，学习过程的组织者、指导者、参与者。几何画板使教学课件从演示型向探索型的发展成为可能。

几何画板软件以操作简单的优点及其强大的图形和图像功能、方便的动画和计算度量功能成为制作中小学数学、物理课件最优秀的教学软件之一。

在使用操作方面，几何画板操作简单，只要用鼠标单击工具箱中的工具和菜单就可以快速地制作课件。一般来说，如果有设计思路，操作较为熟练的教师制作一个难度适中的课件只需5～10分钟。

在绘图方面，几何画板具有强大的图形和图像功能，能构造出各种欧几里得几何图形、解析几何中的所有曲线，也能构造出任意一个函数的图像。

在动画方面，几何画板具有方便的动画功能，能够制作出平移、旋转、缩放、反射等各种动画，还能对动态的对象进行"追踪"，并显示该对象的"轨迹"。

在精确计算方面，几何画板具有强大的计算度量功能，能够对所做出的对象进行度量和计算，如长度、角度、面积等，并把结果动态地显示在屏幕上。

关于改版

本书是《几何画板5.X课件制作实用教程（第2版）-微课版》的修订升级版。《几何画板5.X课件制作实用教程》自2012年出版以来共重印19次，累计发行四万多册。由于书中内容新颖、实用，深受广大中小学教师、师范院校师生的欢迎，目前全国已有多所院校选择本书作为专业教材，许多地区的中小学教师的继续教育培训也使用本书作为培训教材。随着教材使用经验、读者反馈信息的不断积累，教材的修订迫在眉睫。

本书主要在以下几方面进行了改进：

◆ 对全书的文字叙述和插图进行了优化，使教材更科学、更清晰。

◆ 开发了专业的微课视频，涵盖教材全部内容，方便教师辅助教学。

◆ 对第7章的一些课件实例制作步骤进行了补充。

主要内容

本书介绍几何画板的主要功能、几何画板的基本操作知识、几何画板的绘图方法、几何画板典型实例的制作方法和几何画板与课程整合的相关知识。

全书共分 7 章，各章节内容介绍如下：

第 1 章介绍几何画板入门知识，包括几何画板的基本功能、特点以及几何画板 5.0 版本的新增特色、几何画板 5.0 的工作界面及工作环境、几何画板课件与课程整合的模式与方法等。

第 2 章介绍几何画板 5.0 的基本操作，包括几何画板文件、对象操作方法、几何画板 5.0 工具箱的使用方法、几何画板 5.0 操作类按钮的使用方法等。

第 3 章介绍几何画板 5.0 的绘图方法，包括利用工具箱绘制简单图形、利用构造菜单绘制图形、利用变换菜单绘制图形、利用数据和绘图菜单绘制图形等。

第 4 章介绍制作度量数据类课件，包括度量菜单的综合应用、数据菜单的综合应用、工具箱的综合应用等。

第 5 章介绍制作函数曲线类课件，包括绘图菜单的综合应用、数据菜单的综合应用、构造菜单的综合应用等。

第 6 章介绍制作动画演示类课件，包括动画、移动和系列操作类按钮的应用，点、线、面动画的应用，形状渐变动画的应用，三维立体几何动画的应用，平等型多重动画的应用，主从型多重动画的应用等。

第 7 章介绍几何画板课件与课程整合的相关知识，包括几何画板课件与课程的整合方式、几何画板课件与课程的整合典型案例等。

本书特点

1. 紧扣教学规律，合理设计图书结构

本书作者是长期从事多媒体 CAI 课件教学工作的一线教师，具有丰富的教学经验，紧扣教师的教学规律和学生的学习规律，全力打造难易适中、结构合理、实用性强的教材。

本书采用"知识要点—相关知识讲解—典型应用讲解—习题—上机练习"的内容结构。在每章的开始处给出本章的主要内容简介，便于读者了解本章所要学习的知识点。在具体的教学内容中既注重基本知识点的系统讲解，又注重学习目标的实用性。每章都设计了"本章习题"和"上机练习"两个模块，既可以让教师合理安排教学内容，又可以让学习者加强实践，快速掌握本章知识。

2. 注重教学实验，加强上机练习内容的设计

几何画板课件制作是一门实践性很强的课程，学习者只有亲自动手上机练习，才能更好地掌握教材内容。本书根据教学内容统筹规划上机练习的内容，上机练习以实际应用为主线，以任务目标为驱动，增强读者的实践动手能力。

每个上机练习都给出了操作要点提示，既方便读者进行上机练习，也方便任课教师合理安排练习指导。

3．以课件带动教学，推广课程整合典型案例

几何画板提供了一个优秀的课件制作平台，但单纯的课件是死的，要想把课件做"活"，离不开与课程的整合。几何画板与课程整合主要应用于创设情境、自主探究、动态演示、概念教学、辅助解题和参数讨论这些方面，本书在这些方面都进行了探讨。应用几何画板进行教学将是未来中小学课堂教学的一种趋势，它将带来中小学教学中学习内容、学习方式的深刻变化，教学手段和教学方法的更新，促进传统的以教师为中心的教学结构和教学模式的根本变革。

4．配套资源丰富，让教学更加轻松

为了让读者更轻松地掌握几何画板课件制作技术，作者精心制作了配套微课视频。微课视频完全和教材内容同步，共 800 分钟超大容量的教学内容，全程语音讲解，真实操作演示，让读者一学就会！

不管是教师还是学生，扫描二维码即可在线播放微课视频，这样更加有利于教师的教和学生的学。

此外，本书还提供教学大纲、教学课件、电子教案、素材和源文件、期末试卷。

资源下载提示

课件等资源： 扫描封底的"课件下载"二维码，在公众号"书圈"下载。

素材（源码）等资源： 扫描目录上方的二维码下载。

视频等资源： 扫描封底刮刮卡中的二维码，再扫描书中相应章节中的二维码，可以在线学习。

本书作者

参加本书编写的作者为多年从事多媒体 CAI 课件教学工作的资深教师，具有丰富的教学经验和实际应用经验，多次担任全国 NOC 多媒体课件大赛评委。

本书主编为缪亮（负责编写第 1 和第 2 章、微课视频开发）、盘俊春（负责编写第 5～7 章）、纪宏伟（负责编写第 4 章、微课视频开发），副主编为赵杰峰（负责编写第 3 章）。

另外，感谢开封文化艺术职业学院、南宁八中、南通师范高等专科学校对本书创作给予的支持和帮助。

作　者

2021 年 5 月

目　　录

素材和源文件

进入几何画板 5.0 的精彩世界

在学习和使用几何画板之前，首先要对几何画板的发展、用途及 5.0 版本的新增功能有大致的了解，这样才能更好地使用该软件。

本章主要内容：

- 了解几何画板的基本功能、特点以及几何画板5.0版本的新增特色。
- 了解几何画板5.0的工作界面及工作环境。
- 了解几何画板5.0课件与课程整合的模式与方法。

1.1 几何画板简介

视频讲解

几何画板是"直观几何计划"的一部分。该计划是美国宾夕法尼亚斯沃斯莫大学的尤金·克洛兹博士和莫拉维恩大学的朵丽丝·斯凯尼德博士共同主持的美国国家自然科学基金项目。

1988 年，尼古拉·杰克拉斯开始进行程序设计。值得一提的是，几何画板不是尼古拉闭门造车的结果，而是在一个开放式的学术环境中完成的，许多专家、教师纷纷提出意见和建议，并提供各种数据。初版试验的学校原定 30 所，但随着消息的传播，有超过 50 所学校请求参加试验，大家表现出空前的兴趣和热情。这种开放性的制作方式在数学教学界引起广泛关注，同时也大大激发起人们对软件制作的兴趣。

1991 年，几何画板 1.0 版由基本课程出版社正式出版发行。

1992 年春季发行 2.0 版。这一版本不但改进了它的变换和表达能力，而且其中的递归脚本增加了构造分形的功能。

1993 年 3 月发行 3.0 版。该版本更趋于完善，增加了度量变换、记录脚本、作轨迹、分析以及画函数图形等多种功能。

1996 年授权人民教育出版社在中国发行该软件的中文版。

2001 年升级到 4.0 版本，然后在此基础上改版升级到 4.05 版本、4.07 版本。

2009 年 12 月，几何画板 5.0 版本发布，这是一次革命性的改版，新增了许多实用、强大的功能。

2015 年 6 月，几何画板 5.0.6.5 版发布。

正是在这种不断的测试和改进中，几何画板成为更为实用、更受欢迎的教学软件。

几何画板 5.0 软件在 Windows 10/8/7/XP/Vista、苹果 Mac OS X 10.4/9 或更新版本的计算机系统环境中都能顺利运行。它提供了一系列工具，包括画点、画圆、画线、移动和文字工具等，可以利用这些工具做出各种各样的几何图形。

几何画板能实现学生的主体地位，在学习的过程中，学生不仅仅是知识的容器，而且是一个探索者，几何画板不仅有助于学生能力的培养，而且能完善教师的主导地位。教师使用它能够探索出新的教学模式，不再是知识的灌输者，而是实验情景的设计者，学习过程的组织者、指导者、参与者，几何画板使教学课件从演示型向探索型的发展成为可能。

1.1.1 几何画板的功能

几何画板主要具有以下功能：

- 计算机上的直尺和圆规。
- 测量和计算。
- 绘制多种函数图像。
- 制作复杂的动画。
- 保持和突出几何关系。
- 自定义工具。
- 动态演示。

顾名思义，几何画板是"画板"，它能构造出各种欧几里得几何图形，也能构造出解析几何中的所有二次曲线，还能构造出任意一个初等函数的图像（并给出函数表达式）。几何画板还能够对所有画出的图形、图像进行各种"变换"，如平移、旋转、缩放、反射等。几何画板还提供了"度量""计算"等功能，能够对所做出的对象进行度量，如线段的长度，两点间的距离，圆弧的弧长、角度、面积等，并把结果动态地显示在屏幕上。几何画板所做出的几何图形是动态的，可以在变动的状态下保持原有的几何关系。例如，无论操作者如何拖动三角形的一个顶点，任意一条边上的垂线总保持与这条边垂直。几何画板还能对动态的对象进行"追踪"，并能显示该对象的"轨迹"，例如点的轨迹形成曲线，线的轨迹形成包络，而且这种"追踪"可以是手动的，也可以是自动的。几何画板能够把不必要的对象"隐藏"起来，然后又可以根据需要把它"显示"出来，形成"隐藏"与"显示"之间的切换。几何画板还能把整个画图工作自定义为工具，从而减轻操作者的工作量，起到加快课件的开发速度的效果。

1.1.2 几何画板的特点

几何画板具有如下特点：

（1）动态性——几何画板最大的特色是具有强大的"动态性"，即可以用鼠标拖动图形上的任一元素（点、线、圆），而事先给定的所有几何关系（即图形的基本性质）都保持不变。

（2）交互性——它是功能强大的反馈工具。几何画板提供了多种方法帮助教师了解学生的思路和对概念的掌握程度，如复原、重复，隐藏、显示，自定义工具，建立动画、移动等，轻而易举地解决了这个令广大教师头疼的难题。

（3）探索性——几何画板为探索式几何教学开辟了道路。师生可以用它去发现、探索、表现、总结几何规律，建立自己的知识体系，成为真正的研究者。它将传统的演示练习型CAI 模式转向研究探索型。

（4）简洁性——几何画板功能虽然强大，但使用起来却非常简单。它的制作工具少，制作过程简单，掌握容易。几何画板能利用有限的工具实现无限的组合和变化，将制作人想要反映的问题自由地表现出来，较容易学习掌握。操作者不需要花很多的时间和精力去学习软件本身，而强调对学科知识的建构和理解。

1.1.3　几何画板 5.0 的新增特性介绍

几何画板 5.0 版本在许多方面的功能较以前版本都得到了加强，有的功能更是发生了质的飞跃，其中主要有以下几个方面。

1．便捷的图片处理功能

相比几何画板 4.0，几何画板 5.0 不仅可以对图片进行粘贴、缩放、附着，还可以进行反射、旋转、裁剪、迭代，甚至可在图片中使用轨迹。图片导入的方式更灵活，方便导入数码图片，甚至支持直接从网页上拖入，而支持导入图片的格式也更多。图 1-1 展示了对网页图片的反射与旋转。

2．增强的热文本功能

几何画板 5.0 增加了文本编辑的快捷方式，增强了数学公式的键盘输入。通过鼠标单击插入热文本，鼠标移过热文本还会动态显示相关联的对象。如果说以往版本更关注几何上的动态，新版中开始关注并逐步实现公式、变量、数据等文本的动态交互。如图 1-2 所示，鼠标移过热文本四边形 *ABCD* 会动态显示相关联的四边形对象。

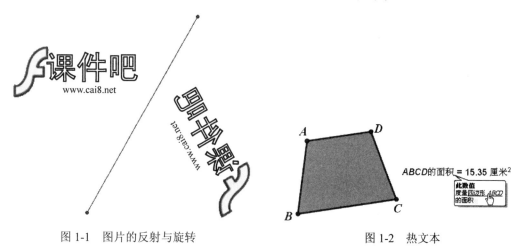

图 1-1　图片的反射与旋转　　　　　　　　图 1-2　热文本

3．增强的图形标记功能

除了增强图片的处理，几何画板 5.0 的另一个重要特征是添加了一些配合电子交互白板的功能。类似 PowerPoint 的手写功能，几何画板 5.0 中同样可以手绘符号、图线，甚至还可以转换。新版直接内置了一些原本是通过扩展工具来实现的图形标记功能，如角、多边形或箭头等标记功能。如图 1-3 所示的是类似 PowerPoint 的手写功能；也可以直接标记角、边等，如图 1-4 所示。

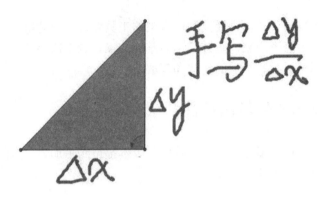

图 1-3　手写功能

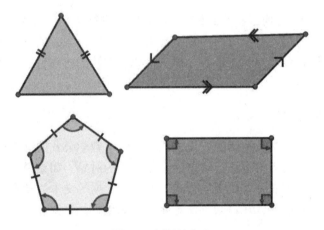

图 1-4　标记边和角

4．代数功能的扩展

几何画板 5.0 可以对方程上的点和轨迹进行变换，甚至可以迭代。对于方程轨迹的交点可以直接得到，而对于轨迹的构造更是增添了构造"线系"的功能。有趣的是，除了绘制，还可以用声音功能直接听三角函数的方程。如图 1-5 所示，直接得到方程轨迹的交点，这在以前是无法想象的。

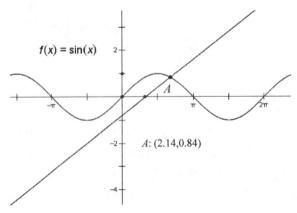

图 1-5　直接得到方程轨迹的交点

5．几何功能的扩展

几何功能的扩展更容易构造多边形及其内部。对于角度的定义可通过两条相交射线或线段，也可以定义–2π与2π之间的角度。多个变换可以组合成一个自定义变换。原本的扩展工具功能更可直接添加到变换菜单。如图1-6所示，多个变换组合一个自定义变换。

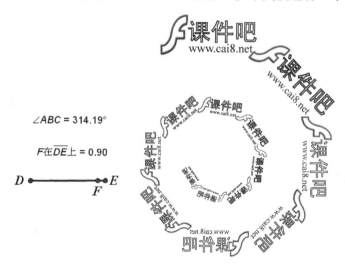

图 1-6　组合自定义变换

6．显示方面的改进

线的粗细以及点的大小都可以随物体进行适当的调整。文本样式和轴刻度大小可调。数学斜体用于标签、测量、计算和公式。数学表达式的布局有所改善，可以更方便地使用希腊符号和其他数学符号，如图1-7所示。

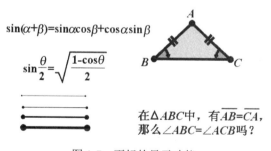

图 1-7　更好的显示功能

1.2　几何画板 5.0 的工作界面和工作环境

在利用几何画板 5.0 制作多媒体课件之前，先认真熟悉几何画板 5.0 的工作界面和工作环境，对初学者来说是非常重要的。

1.2.1 几何画板的工作界面

（1）选择【开始】|【程序】|【几何画板 5.0 中文版】命令，或者双击屏幕快捷方式图标 ，启动几何画板 5.0。

（2）启动后的几何画板 5.0 的工作界面如图 1-8 所示。

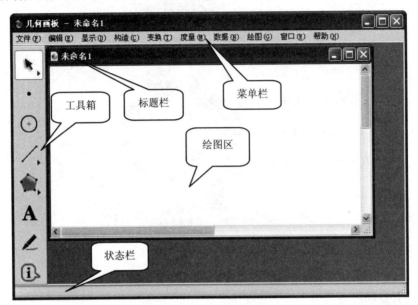

图 1-8 几何画板 5.0 的工作界面

1.2.2 几何画板的工具箱

如图 1-9 所示，几何画板 5.0 的工具箱比几何画板 4.0 新增了多边形、标记和信息 3 种工具，功能强大了很多。

1.【箭头工具】

【箭头工具】的默认状态是【移动箭头工具】 。将鼠标光标移至【箭头工具】上，按下左键稍等片刻，弹出【箭头工具】选择板 ，利用其中的【旋转箭头工具】 对选中的对象进行旋转，利用【缩放箭头工具】 对选中的对象进行缩放。

2.【点工具】

【点工具】的主要功能是画点。选中【点工具】后在绘图板中单击即可画点。

3.【圆工具】

【圆工具】的主要功能是画圆。选中【圆工具】后在绘图板上拖动即可画圆。

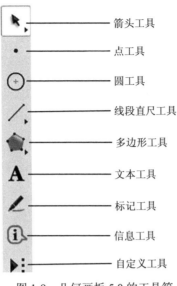

图 1-9　几何画板 5.0 的工具箱

4.【线段直尺工具】

【线段直尺工具】的默认状态是【线段工具】。将鼠标光标移至【线段直尺工具】上，按下左键稍等片刻，弹出【线段直尺工具】选择板，利用【射线工具】绘制射线，利用【直线工具】绘制直线。

5.【多边形工具】

【多边形工具】的默认状态是【多边形工具】。将鼠标光标移至【多边形工具】上，按下左键稍等片刻，弹出【多边形工具】选择板，利用【多边形和边工具】绘制有边且含内部的多边形，利用【多边形和边工具】绘制有边且不含内部的多边形。

6.【文本工具】

【文本工具】主要用于显示/隐藏点、线、圆的标签，或添加文本说明。

7.【标记工具】

【标记工具】主要用于给点、线、圆、角做标记，也可以实现类似 PowerPoint 的手写功能。

8.【信息工具】

【信息工具】可以显示对象的相关信息，实现公式、变量、数据等文本的全息动态交互。

9.【自定义工具】

【自定义工具】主要将一些常用的图形定义为工具，以加快课件的开发速度。

以上工具箱中这些工具的具体使用方法在第 2 章中有详细的介绍。

1.2.3　几何画板的菜单栏

几何画板的功能菜单栏包含 10 个菜单。它们都是下拉式菜单，每个下拉式菜单包含若干个命令子菜单，几何画板的大部分功能都是通过这些菜单命令完成，详见后面的有关章节。

1.2.4　几何画板的状态栏

几何画板的状态栏位于画板的最下方，如图 1-8 所示，它用于显示用户当前的工作状态。根据这些提示，用户可以更明确地进行操作。

1.2.5　几何画板的文件参数选项

视频讲解

几何画板可以对文件进行参数设置，参数在设置以后直到下次改变以前，系统一直保持用户的设置。参数设置有"参数选项"和"高级参数选项"两类。

1．参数选项

单击【编辑】菜单下的【参数选项】选项，进入【参数选项】对话框，如图 1-10 所示。

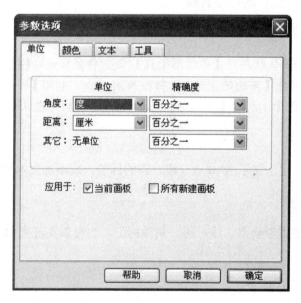

图 1-10　【参数选项】对话框

【参数选项】对话框包括【单位】、【颜色】、【文本】和【工具】4 个选项卡。

1）【单位】选项卡

打开【参数选项】对话框，系统默认进入【单位】选项卡的设置，如图 1-10 所示。主要设置如下所述。

（1）单击【角度】右边的下拉按钮，弹出角度单位"弧度""度""方向度"3 种选择。"弧度"的范围是$-\pi\sim\pi$，"度"的范围是 0°～180°，"方向度"的范围是$-180°\sim180°$。

（2）单击【距离】右边的下拉按钮，显示长度单位的三种选择，即"像素""厘米"和"英寸"。对于角度和长度，都可以设置其精确度，其精确度有"单位（精确到个位）""十分之一""百分之一""千分之一""万分之一""十万分之一"6 种选择。

（3）【应用于】包括【当前画板】和【所有新建画板】复选框。

2）【颜色】选项卡

单击【颜色】选项卡，可进行颜色的设置，如图 1-11 所示。

设置点、线等对象的颜色，可单击对象右边的颜色框，弹出像 Windows 一样的颜色拾取对话框来设置颜色。主要设置如下所述。

（1）【新对象内部使用随机颜色】复选框：若选中，则绘制新对象时会自动随机地填充一种颜色。

（2）【淡入淡出效果时间】复选框：若选中，则可以设置对象轨迹颜色自动淡入淡出的速度。

3）【文本】选项卡

单击【文本】选项卡，可进行文本的设置，如图 1-12 所示。

图 1-11 【颜色】选项卡

图 1-12 【文本】选项卡

主要设置如下所述。

（1）【自动显示标签】有两个复选框，【应用于所有新建点】为所有新绘制的点自动加注标签，【应用于度量过的对象】对被度量过的对象自动显示涉及的点的标签。

（2）【新对象标签式样】：单击 改变对象属性... 按钮，在弹出的对话框中设置标签、说明、变量、操作类按钮、表格、数轴刻度等字体、大小、颜色等。

（3）还有【编辑文字时显示文字工具栏】等 4 个复选框，可按文字说明进行设置。

4)【工具】选项卡

单击【工具】选项卡，可进行工具的设置，如图1-13所示。

主要设置如下所述。

（1）【箭头工具】中若选中【双击取消选定】，则操作时要双击文档空白处才能取消对所选对象的选中状态。

（2）【多边形工具】中若选中【显示边界】，则在绘制多边形时会有边界，这与多边形顶点间所连的线段不同。也可以设置多边形内部的透明度，也就是常说的Alpha值。

（3）【标记工具】中可以设置画笔的粗细和类型。

（4）【信息工具】中设置显示内容，可以显示"父对象"或"子对象"，或者显示"两项"。

2. 高级参数选项

按住Shift键，单击【编辑】菜单下的【高级参数选项】选项，弹出如图1-14所示的对话框。

图1-13 【工具】选项卡　　　　　　图1-14 【高级参数选项】对话框

【高级参数选项】对话框包括【导出】、【采样】和【系统】3个选项卡。

1)【导出】选项卡

打开【高级参数选项】对话框，系统默认进入【导出】选项卡的设置，如图1-14所示。

主要设置如下所述。

（1）【输出直线和射线上的箭头】：在打印或者粘贴到其他文件中时，直线与射线是否显示箭头。

（2）【剪切/复制到剪贴板的格式】中若选中【输出图元文件和位图】单选按钮，则剪切/复制几何画板里的图形并粘贴到其他地方时，输出的图片是图元文件和位图格式，图元文件的扩展名是.wmf，它是Windows兼容计算机的一种矢量图形和光栅图格式；若选中

【只输出位图】单选按钮，则输出的图片格式是位图格式。

（3）【剪贴板位图格式比例】：可以设置剪贴板图形放大比例。最大为 800%，通常设置为 100%，即保持原来的大小。

2）【采样】选项卡

如图 1-15 所示，该选项卡的主要设置如下所述。

（1）【新轨迹的样本数量】：为新产生的轨迹（由【构造】菜单的【轨迹】产生）设置样点数目（像素），数字越大，轨迹越平滑。

（2）【新函数图像的样本数量】：为新产生的函数图像设置样点数目（像素），数字越大，图像越平滑。

（3）【最大轨迹样本数量】：在编辑轨迹或者函数图像的属性时，规定轨迹与图像上的样点数目的最大允许值。

（4）【最大迭代样本数量】：规定迭代（由【变换】菜单的【迭代】选项产生）的最大次数（或称深度）。

3）【系统】选项卡

如图 1-16 所示，该选项卡的主要设置如下所述。

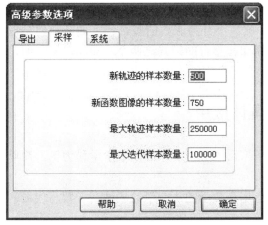

图 1-15　【采样】选项卡

图 1-16　【系统】选项卡

（1）【正常速度（1.0）】：正常动画速度。动画速度为中速（或正常速度）时的（常规）值为 1.0；慢速为正常速度的 0.33；快速为正常速度的 1.7。数值越大，速度越快，范围是 0～10 000。

（2）【屏幕分辨率】：指每厘米长度中像素的多少，也是对屏幕上"1 厘米"长的定义。数字越大，坐标系中显示的单位长就越长。

（3）【图形加速】：设置图形加速程序，默认是 DirectX。

（4）【对 gsp3/4 的语言支持】：语言选项，选"简体中文"。

（5）单击【编辑颜色菜单】按钮，弹出【编辑颜色菜单】对话框，如图 1-17 所示，在其中可以设置相应的颜色。

（6）单击【重置所有参数】按钮，将取消用户设置，重置为系统默认的参数设置。

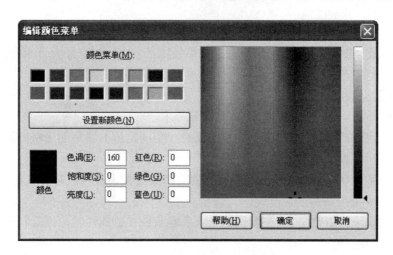

图 1-17 【编辑颜色菜单】对话框

1.3 几何画板课件与课程整合概述

单纯的课件是死的，要想把课件做"活"，就离不开与课程的整合。下面从几何画板课件在新课程中的具体应用和几何画板课件与新课程整合的模式这两个方面简单地说明几何画板课件与新课程的整合应用。

1.3.1 几何画板课件在新课程中的具体应用

几何画板课件在数学、物理学科中都得到了广泛的应用。下面以数学学科为例，简单说明几何画板课件在新课程中的具体应用。

根据新数学课程标准，几何画板课件主要应用在数学的 4 个学习领域——数与代数、空间与图形、统计与概率、综合应用。

1. 数与代数

在"数与代数"的概念学习中，借助几何画板课件可以使许多"数"的问题变得形象、直观、简单。

例如，在讲"集合概念"时，为了引出这个内容，可以通过一组跳伞队员做成的动画引入一个有关集合的实际问题，引导学生分析要解决这个实际问题，必须用到集合和逻辑的知识，也就是把它数学化。这样，一方面可以提高数学的意识，另一方面说明集合和简易逻辑知识是数学重要的基础。这样通过几何画板课件生动形象的引入过程就会极大地激发学生的学习兴趣。

2. 空间与图形

几何画板课件为"空间与图形"的教学拓展了广阔的空间，使许多传统教学中难以达到的梦想变成了现实。几何画板课件与"空间与图形"的整合培养了学生解决问题的能力，学生把几何画板课件作为一种学习工具，用一些传统教学中无法实现的解题思路探究问题的解决，可以获得一种真正的"数学体验"。几何画板课件能提供自动推理和符号演算的环境，有助于抽象思维的训练；也能提供动态的三维智能作图环境，有助于空间想象能力的培养。这是符合教学实践的。

例如，讲解旋转体的知识时，为了提高学生发现问题的能力，提出一个问题：平行四边形围绕任意边旋转，能得到旋转体吗？是一个什么样的旋转体呢？学生马上说，能得到旋转体，应该是一个倾斜的柱子。这时可以提供几何画板课件平台让学生自己动手做数学实验，很清楚地看到这不是一个简单的倾斜的圆柱，而是将一个圆柱下部切出一个圆锥放在原圆柱的上部的物体。所有学生都不能凭空想象出来这个物体的模样，而利用几何画板课件工具做完数学实验后，一切都一目了然。

3．统计与概率

传统教学中，学生很难真正理解"统计与概率"的某些概念，因为他们对这种"不确定"的数学思维缺乏切的体验，而传统教学工具又无法对大量有效数据进行演算、验证。此时，几何画板课件的优势就体现出来了，在几何画板课件的帮助下就能更好地促进学生理解这些概念。

上数学课时常会碰到大量运算，例如有这样一道题：由人口统计年鉴可查得某地1949—2005 年间每隔 5 年的人口数据，然后要求学生对这组数据进行分析，了解人口变化情况，进而渗透函数的思想。这时需要进行大量的运算，几何画板课件就发挥作用了。

4．综合应用

在数学的综合应用中，几何画板发挥着越来越大的作用。利用几何画板课件提供的学习工具和教学工具，可以很自然地把"数与代数""空间与图形"以及"统计与概率"等领域的内容整合起来，让学生真正地学会解决生活中实实在在的数学问题。

1.3.2 几何画板课件与新课程整合的模式

几何画板课件与新课程整合的模式主要有三种：基于课堂的常规模式、基于课堂的探究协作型模式和基于网络的研究性学习模式。下面简单介绍这三种模式以及相关的教学设计的一般步骤。

1．基于课堂的常规模式

1）基于课堂的常规模式简介

课堂讲解和演示仍然是一种普遍而有效的教学模式，其使用的教学设计理论是"以教为主"，主要活动是教师的讲授、演示和提问。教师将教学内容直接介绍给学生，引导学生理解和思考新内容，将它们和头脑中的原有知识观念整合起来，并通过练习活动巩固所学知识。

2）基于课堂的常规模式方法教学设计的一般步骤

（1）创设情景。

正式讲解之前，设计一段引子，创造利于学生接受的情境。例如，进行简短的复习、提出能激发好奇心的问题以及进行某种演示等。

（2）讲解新课。

通过组织、界定、比较和举例等重要方法进行有效的解释。适时呈现一段文字，一个表格，一个解题过程，一幅图片、图画或一段动画片等，传递一定的教学信息。呈现前，说明呈现的目的、与本课的关系、要注意的事项。

（3）保持学生的注意。

讲解和演示时，可以利用有关学习策略和动机原理来保持注意力。呈现材料时，要提示学生所要注意的对象。

（4）强化例题及练习设计。

对所学知识进行巩固。

（5）进行总结。

讲解和演示结束时，要组织讨论，归纳总结，强化学习内容。

2. 基于课堂的探究协作型模式

1）基于课堂的探究协作型模式简介

以学习共同体为主要载体的课堂探究协作型模式有竞争、辩论、伙伴、角色扮演四种模式。

（1）竞争式协作学习模式。

两个或多个学习者针对同一学习内容或学习情景，进行竞争性学习，看谁能够首先达到教育目标。在实验教学中，先提出一个问题，并提供解决问题的相关信息，或由学生自由选择竞争者，或由教师指定竞争对手，然后开始独立解决问题，同时也可以随时查看对手的问题解决情况。

（2）辩论式协作学习模式。

协作者之间围绕给定主题，首先确定自己的观点；在一定的时间内借助虚拟图书馆或互联网查询资料，以形成自己的观点；辅导教师（或中立组）对他们的观点进行甄别，选出正方与反方，然后双方围绕主题展开辩论；辩论中可以由双方各自论述自己的观点，然后针对对方的观点进行辩驳；最后由辅导教师（或中立组）对双方的观点进行裁决，观点论证充分的一方获胜。

（3）伙伴式协作学习模式。

学生有许多可供选择的学习伙伴，学生通过选择自己所学的内容，并通过网络查找正在学习同一内容的学习者，选择其中之一，经双方同意结为学习伙伴。当其中一方遇到问题时，双方便相互讨论，从不同角度交换对同一问题的看法，相互帮助和提醒，直到问题解决。

（4）角色扮演式协作学习模式。

让不同的学生分别扮演学习者和指导者的角色，学习者负责解答问题，而指导者帮助学习者解决疑难，在学习过程中，双方角色可以互换。网上协作的主要途径有人机协作、生生协作、师生协作三种途径。教师在指导学生进行"协作学习"时，必须注意处理与"自主学习"的关系，把学生的"自主学习"放在第一位，"协作学习"在"自主学习"基础之上进行。

2）基于课堂的探究协作型模式教学设计的一般步骤

基于课堂的探究协作型模式教学设计主要以建构主义理论指导思想进行。

（1）教学目标分析。

在以教为中心的教学设计中，进行教学目标分析的目的是要从教学大纲所规定的总教学目标出发，逐步确定各级子目标并画出它们之间的形成关系图。由形成关系图可确定为达到规定的教学目标所需的教学内容。在以学为中心的教学设计中，进行教学目标分析的目的如前所述，是为了确定当前所学知识的"主题"。由于主题包含在教学目标所需的教学内容（即知识点）之中，通过教学目标分析得出总目标与子目标的形成关系图，即意味着已经列出为达到该教学目标所需的全部知识点，据此可确定当前所学知识的主题。

（2）情境创设。

创设与当前学习主题相关的、尽可能真实的情境。建构主义认为，学习总是与一定的社会文化背景即"情境"相联系，在实际情境下或通过多媒体创设的接近实际的情境下进行学习，可以利用生动、直观的形象有效地激发联想，唤醒长期记忆中有关的知识、经验或表象，从而使学习者能利用自己原有认知结构中的有关知识与经验去同化当前学习到的新知识，赋予新知识以某种意义；如果原有知识与经验不能同化新知识，则要引起"顺应"过程，即对原有认知结构进行改造与重组。在传统的课堂讲授中，由于不能提供实际情境所具有的生动性、丰富性，不能激发联想，难以提取长时记忆中的有关内容，因而将使学习者对知识的意义建构产生困难。

（3）信息资源设计。

信息资源的设计是指确定学习本主题所需信息资源的种类和每种资源在学习本主题过程中所起的作用。

（4）自主学习设计。

自主学习设计是整个以学为中心教学设计的核心内容。在以学为中心的建构主义学习环境中常用的教学方法有"支架式教学法""抛锚式教学法"和"随机进入教学法"等。

（5）协作学习环境设计。

设计协作学习环境的目的是在个人自主学习的基础上，通过小组讨论、协商，以进一步完善和深化对主题的意义建构。整个协作学习过程均由教师组织引导，讨论的问题皆由教师提出。协作学习环境的设计通常有两种不同情况：一是学习的主题事先已知；二是学习的主题事先未知。多数的协作学习是属于第一种情况。

（6）学习效果评价设计。

学习效果评价包括小组对个人的评价和学生本人的自我评价。评价内容主要围绕三个方面：自主学习能力、协作学习过程中做出的贡献和是否达到意义建构的要求。

应设计出使学生不感到任何压力、乐意去进行，又能客观地、确切地反映出每个学生学习效果的评价方法。

（7）强化练习设计。

根据小组评价和自我评价的结果，应为学生设计出一套可供选择并有一定针对性的补充学习材料和强化练习。这类材料和练习应经过精心的挑选，既要反映基本概念、基本原理，又要能适应不同学生的要求，以便通过强化练习纠正原有的错误理解或片面认识，最终达到符合要求的意义建构。

3. 基于网络的研究性学习模式

1）基于网络的研究性学习模式简介

基于网络的研究性学习的目标是培养学生的创新精神、实践能力和数学科研能力，所采用的学习方式为研究性学习方式，其教学模式为提供选题→确定课题→组成课题组→实施研究→撰写报告→交流研讨→成果鉴定。其步骤如下所述。

（1）根据学习目标和课程目标以及学习者的已有知识建构学习情境和具有研究价值的问题。

（2）将解决问题的过程具体化，以任务驱动的形式规划、设计问题的解决过程，并进行合理的分工。

（3）教师通过资源与过程模块向学习者提供相关的探究路径和认知工具，引导学习者通过此模块，利用丰富的网络资源以及其他信息资源进行自主、有目的的信息探索和收集。

（4）分析、研究所收集的信息，得出结论。

（5）通过自我思考、网上交流、合作探讨对问题的结论和整个探究过程进行评估和反思，将问题向其他领域进行拓展和转化，以建构新观点和新知识。

（6）学习者利用多媒体手段和互联网，以光盘形式或网页形式发表自己的学习成果。

其中，完善的学习评价体系贯穿学习的各个环节。此学习模式各个环节的具体实施可以根据具体情况，采取多种形式，可以是由教师引导、学习者完成学习任务的形式，或是小组讨论、网上交流、协作探究的形式。

2）基于网络的研究性学习型模式教学设计方法的一般步骤

（1）教师提出问题。

（2）学生分小组进行讨论，提出与问题相关的已有知识及意见并重新整理，进一步界定问题的性质。

（3）拟定问题解决的计划，分析问题，解决任务。

（4）小组合作寻找资料。

（5）分析、整理，提出问题解决方案并表达研究成果。

（6）教师反馈，同学评价，自我反思。

1.4　本章习题

一、选择题

1. 几何画板中工具箱有（　　）。

①移动箭头工具　②点工具　③矩形工具　④颜色工具

  A．①③   B．①②   C．③④   D．①④

2.（　　）不是几何画板 5.0 新增的功能。

　　A．类似 PowerPoint 的手写功能　　　　B．直接得到方程轨迹的交点

　　C．工具箱中的射线工具　　　　　　　　D．工具箱中的多边形工具

3.（　　）不是几何画板 5.0【参数选项】对话框中的选项卡。

　　A．【采样】　　　　B．【颜色】　　　　C．【文本】　　　　D．【工具】

4．几何画板的工作界面由（　　）组成。

①标题栏　②菜单栏　③工具箱　④绘图区　⑤状态栏

　　A．①②③④　　　　B．①②③④⑤　　　　C．①②③⑤　　　　D．①③④⑤

二、填空题

1．几何画板文件的扩展名是_____。

2．几何画板的【高级参数选项】对话框包括的 3 个选项卡是_____。

3．几何画板的 4 个主要特点是_____。

4．几何画板课件主要应用在数学的_____4 个学习领域。

1.5　上机练习

练习 1　新建一个几何画板文件

本练习要学会建立一个几何画板文件并会保存。

主要制作步骤提示：

（1）安装几何画板软件。

（2）双击桌面图标，启动几何画板 5.0（或执行
【开始】|【程序】|【几何画板 5.0 中文版】命令）。

（3）执行【文件】|【保存】命令，保存文件。

练习 2　设置参数选项

本练习要学会设置几何画板的参数，要求设置
角度单位为弧度，精确度为 1‰，设置多边形的透
明度为 75%，新轨迹的样本数量为 600。

主要制作步骤提示：

（1）新建一个几何画板文件。

（2）打开【参数选项】对话框（图 1-18）和【高
级参数选项】对话框。

（3）在对话框中找到相应的选项进行设置。

图 1-18　设置参数选项

第2章 几何画板 5.0 的基本操作

要想快速地制作出一个优秀课件，必须熟练掌握一些基本的操作。为了更快地熟悉几何画板的操作方法，本章介绍基本的文件、对象操作方法、工具箱及操作类按钮的使用方法。

本章知识要点：
- 文件、对象操作方法。
- 工具箱的使用方法。
- 操作类按钮的使用方法。

2.1 文件、对象操作方法

几何画板 5.0 的文件操作主要包括新建文件、保存文件、打开文件。几何画板 5.0 的对象操作包括鼠标和键盘的基本操作。

2.1.1 创建新画板文件

视频讲解

利用以下两种方法创建新画板文件。

（1）几何画板 5.0 启动后，系统会自动产生一个新的画板文件"未命名 1.gsp"，相应地产生一个标题名为"未命名 1.gsp"的画板窗口。

（2）几何画板 5.0 启动后，执行【文件】|【新建画板】命令，也可新建画板文件。

2.1.2 文件的保存

新建画板文件后要先保存，这样可以在制作过程中随时按 Ctrl+S 键进行保存。几何画板可以保存为"*.gsp""*.gs4""*.htm""*.emf"四种类型的文件。

（1）执行【文件】|【保存】命令，弹出【另存为】对话框，如图 2-1 所示，几何画板的默认文件名是"未命名.gsp"，保存类型是"几何画板文档（*.gsp）"。

（2）在【保存在】列表框中选择文件保存的文件夹，在【文件名】文本框中输入文件名，单击【保存】按钮。几何画板默认把文件保存在 My Documents 文件夹中，也可以改变文件夹，保存到其他文件夹中。

专家点拨：几何画板包括以下 4 种保存格式。

① 几何画板 5.0 文档格式，即*.gsp 文件。

② 几何画板 4.0 文档格式，即*.gs4 文件。

③ 网页格式，即*.htm 文件。

④ 增强图元文件，即*.efm 文件。

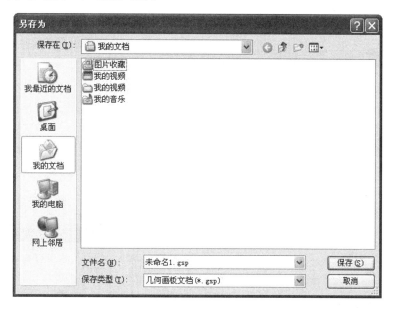

图 2-1　【另存为】对话框

2.1.3　打开和关闭画板文件

视频讲解

要想用几何画板 5.0 对课件进行编辑或利用课件进行演示，就需要对画板文件进行打开和关闭操作。

1．打开画板文件

系统提供了两种打开画板文件的方法：

（1）打开存放画板文件的文件夹，找到所要打开的画板文件，双击即可打开所需的文件。

（2）执行【文件】|【打开】命令，弹出【打开】对话框，如图 2-2 所示，在【查找范围】列表框中，定位于存放画板文件的文件夹，找到所要打开的文件，双击也可打开文件。

专家点拨：几何画板支持同时打开若干个文件，并可在【窗口】菜单中将文件设置为"平铺"或"层叠"两种形式，还可利用【窗口】菜单中的命令，在打开的画板文件之间进行切换。

2．关闭画板文件

关闭画板文件的方法有两种：

（1）单击窗口右上方的【关闭】按钮，可关闭所有打开的画板文件。

（2）执行【文件】|【关闭】命令，则可关闭正在操作的画板文件，也可以单击窗口右上方的【关闭】按钮▣下面的另一个【关闭】按钮 ▮。

专家点拨：如果在关闭画板文件时，它的内容发生改变，并且还没有保存，那么会出现一个警告对话框，询问是否保存修改过的文件，如图 2-3 所示。

图 2-2 【打开】对话框　　　　　　　　　图 2-3 警告对话框

2.1.4 鼠标、键盘的操作方法

视频讲解

几何画板 5.0 的操作方法和其他 Windows 下许多程序的操作方法一样，可以利用鼠标和键盘进行对象操作。这里做一些简单的说明，在后面的章节中会有具体的操作方法。

1. 鼠标的操作方法

鼠标的操作包括单击、右击、双击、拖动。这里只特别说明一下右击。在画板的绘图区按下鼠标右键显示菜单的简洁形式，称为"快捷菜单"。右击的对象不同，快捷菜单的菜单项也会不同。例如，选中绘图区中的三角形（鼠标光标成为指向左边的黑色箭头），右击会弹出快捷菜单，如图 2-4 所示。利用快捷菜单可以进行许多操作，尤其值得注意的是可以在此了解对象的属性，所选对象不同，快捷菜单也相应不同。

2. 键盘的操作方法

这里主要是指快捷键的使用。为了更快地实现操作功能，几何画板 5.0 和其他 Windows 下许多程序一样，提供了快捷键操作。

例如，"复制"的快捷键是 Ctrl+C，"粘贴"的快捷键是 Ctrl+V，等。如何知道操作功能的快捷键是什么呢？单击菜单中的某个选项时，注意该菜单右边所列出的快捷键就可以了，如图 2-5 所示。

图 2-4 所选对象的快捷菜单

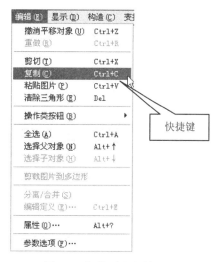

图 2-5 操作功能的快捷键

2.2 工具箱的使用方法

几何画板 5.0 的工具箱是几何画板中最基本和最重要的工具，包含箭头工具、点工具、圆工具、线段直尺工具、多边形工具、文本工具、标记工具、信息工具和自定义工具共 9 类。熟练地掌握它们的使用方法对初学者来说是非常重要的。

2.2.1 使用箭头工具

【箭头工具】的默认状态是【移动箭头工具】，若将鼠标光标移至【箭头工具】上，按下左键稍等片刻，弹出【箭头工具】选择板，利用其中的【旋转箭头工具】对选中的对象进行旋转，利用【缩放箭头工具】对选中的对象进行缩放。

1．利用移动箭头工具选择和拖动对象

例 2-1 选择和拖动点、线段和多个对象。

（1）利用【点工具】绘制一个点。使【箭头工具】处于【移动箭头工具】状态。

（2）移动鼠标光标到点上，鼠标指针成为指向左边的黑色箭头，如图 2-6 所示。

（3）单击这个点后就可以拖动到指定位置了。

图 2-6 移动鼠标光标到点上

（4）利用【线段工具】绘制一条线段，切换到【移动箭头工具】，移动鼠标光标到线段上，鼠标指针成为指向左边的黑色箭头，就可以拖动线段到指定位置了。

（5）利用【圆工具】和【多边形工具】绘制一个圆和一个三角形，切换到【移动箭头工具】，单击圆和三角形左上方绘图区的空白处，拖动鼠标到它们的右下方，如图 2-7 所示。

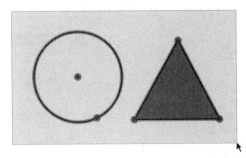

图 2-7　从左上方拖动鼠标到右下方

（6）移动鼠标光标到任一个对象上，圆和三角形就可以整体拖动到指定位置了。单击绘图区的空白处，就可以取消选择。

2．利用旋转箭头工具旋转对象

例 2-2　旋转一个四边形。

（1）利用【多边形工具】绘制一个四边形 *ABCD*，如图 2-8 所示。如果让【箭头工具】的状态是【移动箭头工具】，此时利用鼠标拖动一个顶点，则四边形会发生形变，但不旋转，如图 2-9 所示。

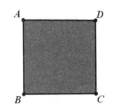

图 2-8　绘制四边形 *ABCD*

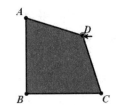

图 2-9　鼠标拖动一个顶点

（2）按住【箭头工具】不放，将鼠标光标移动到【旋转箭头工具】处松开，可以把【箭头工具】改成【旋转箭头工具】，使用【旋转箭头工具】旋转对象需要先标记（定义）一个点作为旋转中心（用鼠标双击该点）。这里选择的旋转中心为点 *B*，双击点 *B*，此时会以点 *B* 为中心，屏幕会闪出黑色的同心圆，如图 2-10 所示，这样就说明已经标记点 *B* 为中心点了。

（3）全选四边形 *ABCD*，此时把鼠标光标放置到四边形 *ABCD* 的任一位置就可以拖动鼠标旋转四边形，如图 2-11 所示。

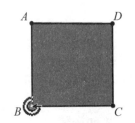

图 2-10　标记点 *B* 为中心点

图 2-11　旋转四边形

3．利用缩放箭头工具缩放对象

例 2-3 缩放一个四边形。

（1）利用【多边形工具】绘制一个四边形 *ABCD*，按住【箭头工具】不放，拖动鼠标到【缩放箭头工具】处松开，可以把【箭头工具】改成【缩放箭头工具】。

（2）同样也要选择一个点作为缩放中心，然后全选四边形 *ABCD*，此时把鼠标光标放置到四边形 *ABCD* 的任一位置就可以拖动鼠标做缩放变换。

专家点拨：也可利用【变换】菜单旋转和缩放对象。例如，想旋转四边形 *ABCD*，先标记中心点，再全选四边形 *ABCD*，执行【变换】|【旋转】命令，此时会弹出一个对话框，如图 2-12 所示，在【旋转参数】文本框中输入想要旋转的角度，单击【确定】按钮即可。

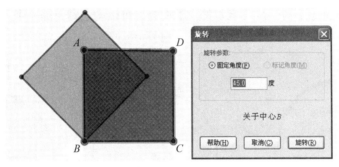

图 2-12　利用【变换】菜单旋转对象

2.2.2 使用点工具

【点工具】·的主要功能是画点，利用它可以绘制自由点、交点和多边形等对象上的点。

视频讲解

1．绘制自由点

这个比较简单，先选中【点工具】·，然后在绘图区内单击空白处即可，每单击一次就绘制一个点。

2．绘制对象上的点

先选中【点工具】·，把鼠标光标移动到想加点的对象上时，对象会高亮显示，然后在对象上单击鼠标就可以在对象上绘制一个点了。

3．绘制对象的交点

例 2-4 绘制直线和圆的交点。

（1）利用【直线工具】✐和【圆工具】⊙绘制一条直线和一个圆，让它们相交。

（2）选中【点工具】·，把鼠标光标移动到直线上时，直线会高亮显示。若把鼠标光标移动到圆上时，圆会高亮显示。当鼠标光标移动到直线和圆的交点处时，直线和圆都会高亮显示。此时单击鼠标就可以绘制交点，如图 2-13 所示。

专家点拨：当拖动对象改变位置时，交点仍然是存在的。

视频讲解

2.2.3 使用圆工具

【圆工具】 ⊙ 的主要功能是画圆。选中【圆工具】后在绘图板上拖动即可画圆。

例 2-5 使用圆工具。

（1）选中【圆工具】后在绘图板上拖动画一个圆。

（2）切换到【移动箭头工具】，拖动圆上的点（称为半径点），可以改变圆的大小。

（3）拖动圆心，圆心会被移动，这时也可以改变圆的大小。

（4）选中圆并拖动，圆将被整体移动，但大小不改变。

（5）选中圆，执行【构造】|【圆上的点】命令，可以构造圆上的一个点；执行【构造】|【圆内部】命令，可以填充圆的内部，如图 2-14 所示。

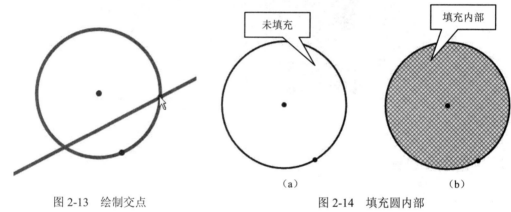

图 2-13　绘制交点　　　　　图 2-14　填充圆内部

视频讲解

2.2.4 使用线段直尺工具

【线段直尺工具】的默认状态是【线段工具】 ✎ ，若将鼠标光标移至【线段直尺工具】上，按下左键稍等片刻，弹出【线段直尺工具】选择板 ✎✎✎ ，利用【射线工具】 ✎ 绘制射线，利用【直线工具】 ✎ 绘制直线。

例 2-6 使用线段直尺工具。

（1）选中【线段工具】 ✎ 后在绘图板上单击鼠标开始绘制线段，再次单击鼠标结束。连续多次单击可继续绘制线段。所绘制的线段处于被选中的状态。

（2）可以绘制连接另外一个对象的线段。如图 2-15 所示，当在圆上单击鼠标结束时，就绘制了一条与圆连接的线段。拖动圆时，线段始终保持是连接的。

（3）利用【射线工具】 ✎ 绘制射线。在绘图板上单击鼠标绘制端点 A，拖动鼠标出现射线，直到另一个确定方向的点 B（或者是另一个已知点）处再单击鼠标，绘制出射线。拖动点 A 或 B 可以改变射线的方向；拖动射线 AB（不包括 A 和 B）可以改变射线的位置。射线绘制好以后处于被选中状态。

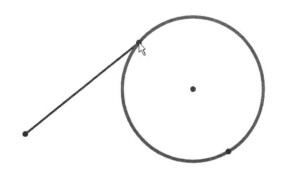

图 2-15　绘制连接圆的线段

（4）利用【直线工具】 绘制直线。在绘图板上单击鼠标绘制端点 A，拖动鼠标出现直线，直到另一个确定方向的点 B（或者是另一个已知点）处再单击鼠标。用【选择】工具拖动点 A 或点 B 可以改变直线的方向；拖动直线 AB（不必包括点 A 和 B）可以改变直线的位置。

（5）可以绘制特殊角度的线段、射线和直线。单击鼠标开始画线段，按住 Shift 键，移动鼠标再次单击结束时，可以绘制 0°、15°、30°、45°、60°、75°、90°的线段、射线和直线。

2.2.5　使用多边形工具

视频讲解

【多边形工具】的默认状态是【多边形工具】 ，若将鼠标光标移至【多边形工具】上，按下左键稍等片刻，弹出【多边形工具】选择板 ，利用【多边形工具】绘制有内部不含边的多边形，利用【多边形和边工具】 绘制有边且含内部的多边形，利用【多边形边工具】 绘制有边不含内部的多边形。

例 2-7　使用多边形工具。

（1）选择【多边形工具】 ，在绘图板上单击鼠标开始绘制多边形顶点，再在另一个位置绘制第二个顶点，以此类推，绘制想要的多边形，注意最后一个顶点要和第一个顶点重合，也就是单击第一个顶点结束。

（2）也可以使用不同的多边形工具，利用【多边形和边工具】 绘制含边和内部的多边形，如图 2-16 所示；利用【多边形边工具】 绘制只含边的多边形，如图 2-17 所示。

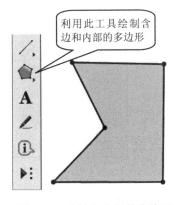

图 2-16　含边和内部的多边形

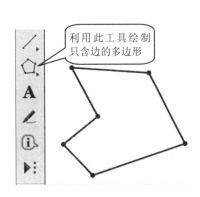

图 2-17　只含边的多边形

视频讲解

2.2.6 使用文本工具

【文本工具】 **A** 主要用于显示/隐藏点、线、圆的标签或添加文本说明。

1. 创建注释

在设计课件的时候，除了绘制精确的几何图形外，还需要一些文字注释对教学内容加以说明。

（1）单击【文本工具】 **A** ，将鼠标光标移到画板的适当位置。

（2）按住鼠标左键不放，拖动鼠标拖出一个矩形的文本编辑框，在这个文本框中输入内容即可。

2. 改变文本的样式

【文本】工具栏是设置文本样式的最好工具，但在几何画板中【文本】工具栏不是默认打开的，执行【显示】|【显示文本工具栏】命令，即可在几何画板窗口下方显示【文本】工具栏，如图 2-18 所示。

（1）单击【字体】框中右边的 按钮，弹出【字体】下拉列表，选择合适的字体，这里选择 Times New Roman 字体。

（2）单击【字号】框中右边的 按钮，弹出【字号】下拉列表，选择合适的字号，这里选择 16。

（3）单击【粗体】按钮 **B**，将字体设为粗体；单击【斜体】按钮 *I*，将字体设为斜体；单击【下画线】按钮 **U**，为标签添加下画线。

（4）单击【颜色】按钮 ，弹出【颜色选择器】对话框，如图 2-19 所示，在"颜色菜单"栏中单击需要的颜色，单击【确定】按钮，即可改变文本的颜色。

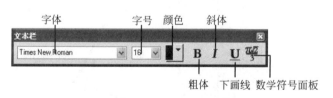

图 2-18 【文本】工具栏

图 2-19 【颜色选择器】对话框

（5）如图 2-20 所示，利用【数学符号面板】 可以制作常用的数学符号。

（6）单击【数学符号面板】中的【符号】 按钮，打开如图 2-21 所示的面板，利用

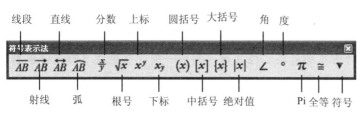

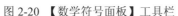

图 2-20　【数学符号面板】工具栏　　　　图 2-21　一些不常用的数学符号

它可以输入一些不常用的数学符号。

3．标签的操作

所谓标签，是指用来标识对象的符号，也就是给所绘制的点、线、圆等几何对象所起的名字。用几何画板绘图，系统都会自动给它配置一个标签，通常点的标签用大写字母 A、B、C…表示，直线型对象的标签用小写字母 a、b、c…表示，而圆的标签则用 c_1、c_2、c_3…表示。

1）手动显示标签

绘制好几何对象后，如果没有自动显示标签，可以单击【文本工具】 **A**，鼠标光标变为手形状，移动鼠标光标到需要显示标签的对象上，鼠标光标变为手形状，单击对象后系统自动给出一个字母标签。几何画板的标签显示与单击的顺序有关，图 2-22 显示了利用【文本工具】 **A** 按不同的顺序单击点对象后显示出来的标签。

2）自动显示标签

几何画板 5.0 默认的是手动显示标签，要想自动显示标签需进行如下设置。

（1）执行【编辑】|【参数选项】命令，打开【参数选项】对话框。

（2）选择【参数选项】对话框中的【文本】选项卡，分别将【应用于所有新建点】【所有新建画板】复选框选中，如图 2-23 所示，单击【确定】按钮，即可实现标签的自动显示。

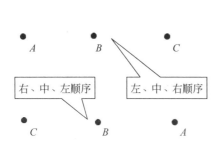

图 2-22　按先后顺序显示标签

图 2-23　【参数选项】对话框

3）用菜单功能显示对象标签

（1）单击【箭头工具】 ，选中一些没有显示标签的对象。

（2）执行【显示】|【显示标签】命令，即可将这些对象的标签显示出来。

专家点拨：如果所选中的对象的标签已经显示，则这一项命令变成【隐藏标签】，单击它后，对象的标签就会隐藏起来。

4）改变标签的位置

将鼠标指针 移至对象的标签上，拖动即可移动标签的位置。

5）改变单个对象的标签

有时系统自动给定的标签不一定符合用户的要求，这样就需要改变对象的标签，将不符合要求的标签改变一下。

例 2-8 改变点对象的标签。

（1）单击【文本工具】 **A** ，鼠标光标变为 形状。

（2）将 指针移至需要更改的点标签上，双击打开【点 A】的属性对话框，如图 2-24 所示。

（3）在【标签】文本框中输入合适的文字或字母后，这里输入字母 B，单击【确定】按钮，即可修改点 A 的标签。

专家点拨：若将点 A 的标签改为 B_1，则需在【标签】框中输入 B[1]，单击【确定】按钮即可将点 A 的标签改为 B_1。

6）改变一组对象的标签

（1）单击【文本工具】 **A** ，选中两个以上的点，或两个以上的线，或两个以上的圆，或两个以上的其他几何对象。

（2）执行【显示】|【点的标签】命令，打开【多个对象的标签】对话框，如图 2-25 所示。

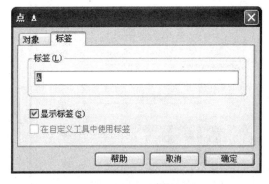

图 2-24 【点 A】的属性对话框   图 2-25 【多个对象的标签】对话框

（3）在【起始标签】文本框中输入第一个对象的标签，即可将选中的对象按字母顺序显示。

4．热文本的使用

几何画板 5.0 增加了文本编辑的快捷方式，简称热文本。通过鼠标单击对象插入热文本，鼠标移过热文本就会动态显示相关联的对象。如果说以往更关注几何上的动态，新版开始关注并逐步实现公式、变量、数据等文本的全息动态交互。

例 2-9　利用热文本功能插入标签和数值。

（1）利用【圆工具】 和【多边形工具】 绘制一个圆和一个三角形，如图 2-26 所示。

（2）选择【文本工具】 **A**，鼠标光标变为 形状。在绘图板的空白处拖动鼠标绘制一个文本框。

（3）把鼠标光标移动到想要插入标签的对象上，这里移动到三角形上，此时鼠标光标旁会出现一个+号，单击三角形后，文本框就会自动出现标签△ACB，如图 2-27 所示。

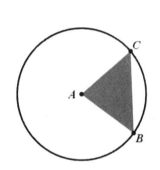

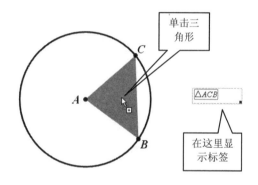

图 2-26　绘制一个圆和一个三角形　　　　　图 2-27　插入标签

（4）选择【箭头工具】 ，当把鼠标光标移动到热文本△ACB 上时，△ACB 会高亮显示，如图 2-28 所示。

（5）选中 B、A 两点，执行【度量】|【距离】命令，这时会得到线段 BA 的长度数值，单击【文本工具】 **A**，鼠标光标变为 形状。单击数值后，在文本框中就会出现数值标签，如图 2-29 所示。

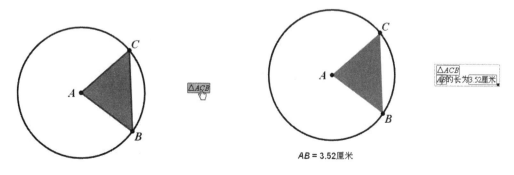

图 2-28　高亮显示热文本相关联的三角形　　　图 2-29　插入数值

（6）如果改变线段 *BA* 的长度，文本框中的数据也会随之改变。如果改变线段的字母，文本框中线段的字母也会随之改变。

2.2.7 使用标记工具

【标记工具】✐ 主要用于给点、线、圆、角做标记，也可以实现类似 PowerPoint 的手写功能。

例 2-10 利用标记工具标记角度、线段和手写标记。

（1）利用【线段工具】✐ 绘制一个角。

（2）选择【标记工具】✐，将鼠标光标移动到角的顶点，按下鼠标左键并向角内的方向拖动，则可以标记角，此标记没有箭头，如图 2-30 所示。

（3）将鼠标光标移动到角的始边，按下鼠标左键并从角的始边拖动到终边，则角的标记带有箭头，如果角是直角，则标记也会变成直角形状，如图 2-31 所示。

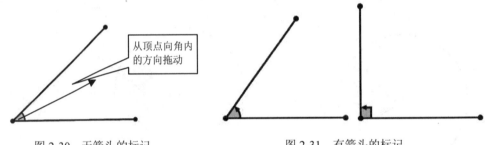

图 2-30　无箭头的标记　　　　　　　图 2-31　有箭头的标记

（4）单击线段可以标记线段。线段的标记有线型、箭型、空心、实心 4 种，箭头分左、右两种，每种标记最多有 4 个，每单击标记一次就会增加一个，如图 2-32 所示。

（5）要想改变线段的标记类型，可以先选中标记，执行【编辑】|【属性】命令，打开【画线标记】对话框。单击【画线标记】对话框中的【标记笔】选项卡，就可以选择标记形状，如图 2-33 所示。

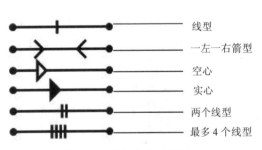

图 2-32　线段的标记类型

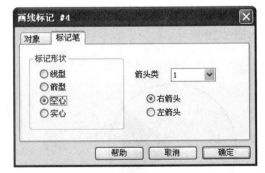

图 2-33　改变线段的标记类型

（6）可以手写标记。选择【标记工具】✐，在绘图板上实现类似 PowerPoint 的手写功能。执行【显示】|【颜色】命令，可以改变颜色，如图 2-34 所示。

（7）可以选中角的标记度量角度以及结合热文本功能插入标签和数值，如图 2-35 所示。

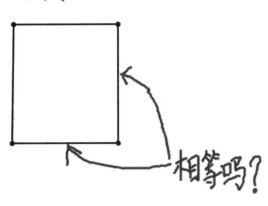

图 2-34　手写标记

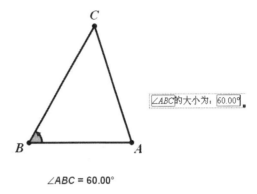

$\angle ABC = 60.00°$

图 2-35　利用角的标记度量角

2.2.8　使用信息工具

利用【信息工具】可以显示对象的相关信息，实现公式、变量、数据等文本的全息动态交互。

视频讲解

例 2-11　利用信息工具显示对象信息。

（1）利用【圆工具】⊙和【多边形边工具】⬠绘制一个圆内接三角形。

（2）选择【信息工具】，移动鼠标光标到对象上，此时鼠标光标会变成⑦形状，单击对象后会弹出一个文本标注框，其中就有对象的相关信息，如图 2-36 所示。

（3）文本标注框中会有与对象相关的其他对象标签，移动鼠标光标到这些标签上，相应的对象就会高亮显示，单击这些热文本标签，则会显示相应的对象的信息。例如，单击点对象后，在点的信息中会说明它是圆#1 上的一个点，单击热文本"圆#1"后，会显示圆#1 的相关信息，如图 2-37 所示。

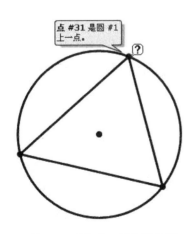

图 2-36　【信息工具】的使用

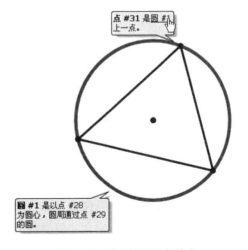

图 2-37　显示相关对象信息

（4）单击绘图板空白处，所有对象的文本标注框会隐藏起来，直到再次单击对象才显示。

（5）右击文本标注框中的热文本会弹出一个提示框，如图 2-38 所示。在这里可以选择"属性""描述父对象""描述子对象"，以及"小字体"和"大字体"。

（6）如果该对象是被隐藏的，那么文本标注框中的热文本旁边会出现一个隐藏的复选框，可以将它更改为显示状态，如图 2-39 所示。

图 2-38　提示框　　　　　图 2-39　隐藏对象信息

2.2.9　使用自定义工具

自定义工具是将一些常用的图形或图像制作成工具，以便在制作其他图形或课件时直接使用。【自定义工具】位于工具箱的最下方，一般情况下【自定义工具】不可用，只有在创建工具和查看课件的制作过程时才使用。

2.3　操作类按钮的使用

在【编辑】菜单中有一个命令【操作类按钮】，这是一个层叠式的菜单，它的下层有7 个命令，分别是【隐藏 / 显示】、【动画】、【移动】、【系列】、【声音】、【链接】和【滚动】。利用这些命令，可以在画板上设计一些交互式的按钮；只要用户单击按钮，就可以自动地让几何画板执行规定的复杂操作，例如几何对象的运动、交互控制几何对象的显示和隐藏等。刚开始这些命令呈暗灰色（功能不可用状态），当条件成熟时，就会变成可用状态。

2.3.1　动画按钮

几何画板的动画功能可以使一个点在一条路径（点、线、圆、轨迹）上运动，使图形由静态变成动态。利用动画配合几何画板的其他功能可以绘制美观、有趣或带有装饰的动态图形。如果要观察对象的运动轨迹，也要用到画板的动画功能。执行【编辑】|【操作类按钮】|【动画】命令，可以实现动画功能并且在画板上产生一个动画按钮。用鼠标单击它就可以运行定义的动画。

例 2-12　滚动的车轮。

本例中单击【动画点】按钮会运行车轮滚动的动画。

（1）单击【线段工具】 ，在画板的适当位置绘制线段 *AB*。

（2）单击【点工具】 ·，在线段 *AB* 上绘制一个点 *C*。

（3）同时选中点 *C* 和线段 *AB*，执行【构造】|【垂线】命令，构造垂线 *j*。

（4）单击【点工具】 ·，在垂线 *j* 上绘制一个点 *D*。同时选中点 *C* 和点 *D*，执行【度量】|【距离】命令，度量 *CD* 的距离，按相同的方法度量 *AC* 的距离。

（5）执行【数据】|【计算】命令，计算 $\dfrac{AC}{\pi \cdot DC} \cdot 360°$ 的值，注意单位要选择"度"，如图 2-40 所示。

（6）选中上一步所计算出来的值，执行【变换】|【标记角度】命令，标记旋转角度。

（7）双击点 *D*，标记点 *D* 为中心点，选中点 *C*，执行【变换】|【旋转】命令，按标记角度旋转得到点 *C′*，如图 2-41 所示。

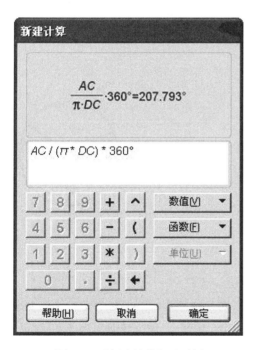

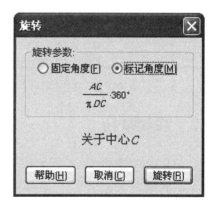

图 2-40　【新建计算】对话框　　　　　　　　图 2-41　【旋转】对话框

（8）依次选中点 *D* 和点 *C′*，执行【构造】|【以圆心和圆上的点绘圆】命令，完成后如图 2-42 所示。

（9）选中点 *C′*，执行【变换】|【旋转】命令，按固定角度为 120°旋转得到 *C″*，按相同的方法把点 *C″* 旋转 120°得到 *C‴*，单击【线段工具】 ，绘制线段 *DC′*、*DC″* 和 *DC‴*。

（10）选中点 *C*，执行【编辑】|【操作类按钮】|【动画】命令，弹出【操作类按钮 动画点】对话框，如图 2-43 所示，有方向、速度和播放次数选项，单击【确定】按钮就可以构造动画按钮。

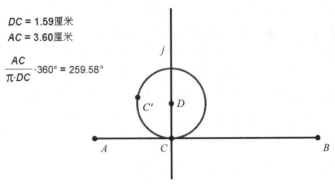

$DC = 1.59$ 厘米

$AC = 3.60$ 厘米

$$\frac{AC}{\pi \cdot DC} \cdot 360° = 259.58°$$

图 2-42　构造圆

（11）隐藏不必要的对象，最终效果如图 2-44 所示，单击【动画点】按钮就可以让轮子转动起来。

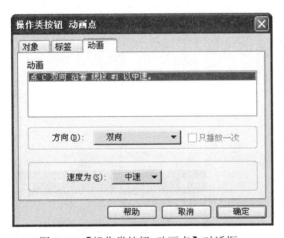

图 2-43　【操作类按钮 动画点】对话框

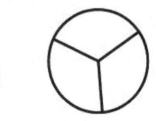

图 2-44　最终效果

视频讲解

2.3.2　移动按钮

动画功能是通过"一个点沿着一条路径运动"而产生的几何图形的动态变化的效果。在几何画板中，另外一种产生动态变化效果的功能是"移动"。移动功能是定义"点到点的运动"。执行【编辑】|【操作类按钮】|【移动】命令，可以在画板上产生一个【移动】按钮，从而实现移动功能。在定义【移动】之前，需要选择一对点，其中一个点是将要移动的点，另外一个点是将要移动到的目标点。

例 2-13　移动的"喜羊羊"。

本例中单击【移动 E→A】按钮，可以使喜羊羊从 E 点运动到 A 点，单击其他按钮也是如此。

（1）单击【多边形工具】，在画板的适当位置绘制四边形 $ABCD$。

（2）选中四边形 $ABCD$，执行【构造】|【边界上的点】命令，在四边形 $ABCD$ 的边上构造一点 E。

（3）在网上找一张"喜羊羊"的图片，复制到剪贴板后把它粘贴到点 E 上（或者直接将计算机上的图片文件拖放到点 E 上），如图 2-45 所示。

（4）依次选中点 E 和点 A，执行【编辑】|【操作类按钮】|【移动】命令，弹出【操作类按钮 移动 E→A】对话框，如图 2-46 所示，把点 E 移动到点 A。单击【确定】按钮。

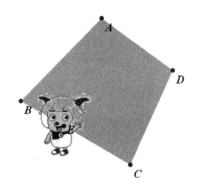

图 2-45　粘贴图片

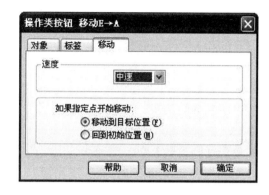

图 2-46　【操作类按钮 移动 E→A】对话框

（5）按相同的方法，构造点 E 移动到点 C 和点 E 移动到点 B 的移动按钮，完成后如图 2-47 所示。

专家点拨：几何画板 5.0 能够使点在任意的多边形上自由移动。

2.3.3　隐藏/显示按钮

通过【隐藏/显示】按钮可以实现几何对象的隐藏/显示。操作方法是选中需要控制隐藏/显示状态的一组对象，执行【编辑】|【操作类按钮】|【隐藏/显示】命令，在画板上就会出现一个【隐藏对象】按钮，然后设置其动作属性，即可制作相应的按钮。

视频讲解

例 2-14　显示隐藏圆。

（1）单击【圆工具】 ⊙，在画板适当位置绘制圆 A。

（2）选中圆 A，执行【编辑】|【操作类按钮】|【隐藏/显示】命令，构造【隐藏/显示】按钮，完成后如图 2-48 所示。

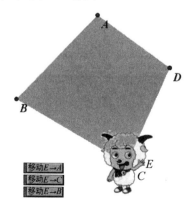

图 2-47　构造【移动】按钮

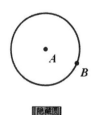

图 2-48　构造【隐藏/显示】按钮

（3）单击【隐藏圆】按钮，此时圆会被隐藏起来，按钮会变成【显示圆】按钮。

2.3.4 系列按钮

视频讲解

前面讨论的【动画】按钮、【移动】按钮和【隐藏/显示】按钮，都可以在几何画板中实现几何图形的动态效果，有时在处理复杂运动时可能要用到【系列】按钮。依次选中两个或两个以上的按钮，执行【编辑】|【操作类按钮】|【系列】命令，就可以构造一个【系列】按钮。单击这个【系列】按钮就可以执行，执行一个【系列】按钮就相当于顺序地执行【系列】按钮中所包含的按钮。

例 2-15 三角形的分类。

（1）单击【圆工具】 ⊙，在画板的适当位置构造一个圆 A。

（2）同时选中点 A 和点 B，执行【构造】|【直线】命令，构造直线 AB。

（3）单击【移动箭头工具】 ▸，在直线 AB 与圆 A 的另一个交点处单击，构造直线 AB 与圆 A 的另一个交点 C，如图 2-49 所示。

（4）依次选中点 B、点 C 和圆 A，执行【构造】|【圆上的弧】命令，构造弧 a_1。

（5）选中圆 A 和直线 AB，执行【显示】|【隐藏路径对象】命令，隐藏圆 A 和直线 AB。

（6）单击【点工具】 ·，在弧 a_1 上任意绘制一点 D。

（7）同时选中点 A、点 B、点 D，选择【构造】|【线段】命令，构造△ABD。

（8）双击点 A，将点 A 设为标记中心。

（9）选中点 B，执行【变换】|【旋转】命令，将点 B 围绕点 A 逆时针旋转 90°，得到点 B'，如图 2-50 所示。

（10）单击【点工具】 ·，在弧 a_1 上的点 B 和点 B' 之间任意绘制一点 E，在点 B' 和点 C 之间任意绘制一点 F，如图 2-51 所示。

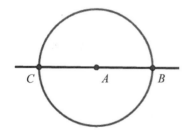

图 2-49　构造直线和交点

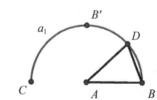

图 2-50　旋转出点 B'

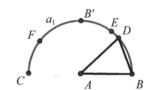

图 2-51　在弧 a_1 上绘制点 E 和点 F

（11）依次选中点 D、点 E，执行【编辑】|【操作类按钮】|【移动】命令，构造【移动 $D→E$】按钮，按相同的方法构造【移动 $D→F$】按钮和【移动 $D→B'$】按钮。

（12）单击【文本工具】 **A**，绘制"锐角三角形""直角三角形""钝角三角形"三个文本框。

（13）选中"锐角三角形"文本框，执行两次【编辑】|【操作类按钮】|【隐藏/显示】命令，构造两个【隐藏说明】按钮。

（14）单击【文本工具】 **A**，双击其中一个【隐藏说明】按钮，打开【操作类按钮　隐藏锐角】对话框，在标签框中输入"隐藏锐角"，单击【隐藏/显示】选项卡，将按钮动作设为"总是隐藏对象"，如图 2-52 所示，单击【确定】按钮，构造【隐藏锐角】按钮。

（15）按照上述方法，将另一个【隐藏说明】按钮的标签设为"显示锐角"，按钮动作设为"总是显示对象"，单击【确定】按钮，构造【显示锐角】按钮。

（16）按照上述方法，构造【隐藏直角】、【显示直角】、【隐藏钝角】、【显示钝角】按钮。

（17）依次选中【隐藏直角】、【隐藏钝角】、【移动 $D{\rightarrow}E$】和【显示锐角】按钮，执行【编辑】|【操作类按钮】|【系列】命令，打开【操作类按钮 系列4个动作】对话框，将执行参数设为"依序执行"，如图 2-53 所示，单击【标签】选项卡，在标签框中输入"锐角三角形"，单击【确定】按钮，构造【锐角三角形】按钮。

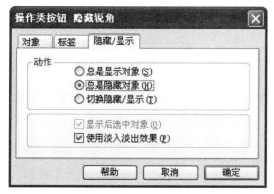

图 2-52　【操作类按钮 隐藏锐角】对话框

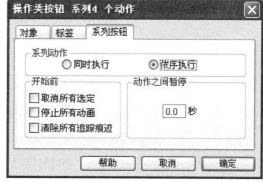

图 2-53　【操作类按钮 系列4个动作】对话框

（18）按照上述方法，依次选中【隐藏锐角】、【隐藏钝角】、【移动 $D{\rightarrow}B'$】和【显示直角】按钮，构造【直角三角形】按钮；依次选中【隐藏锐角】、【隐藏直角】、【移动 $D{\rightarrow}F$】和【显示钝角】按钮，构造【钝角三角形】按钮。

（19）把不必要的对象隐藏起来，最终效果如图 2-54 所示。

（20）分别单击【锐角三角形】、【直角三角形】、【钝角三角形】按钮，可演示各种类型的三角形，拖动点 B 可改变三角形的大小，拖动点 D 可以手动显示各种类型的三角形。

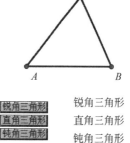

图 2-54　最终效果图

2.3.5　链接按钮

【操作类按钮】中还有一个【链接】命令，使用此命令可以链接到 Internet 上的资源，进行本机文件的超链接，还可以实现几何画板文件中各页面之间的跳转。

视频讲解

1. 链接到 Internet 上的资源

（1）执行【编辑】|【操作类按钮】|【链接】命令，打开【操作类按钮 链接】对话框，如图 2-55 所示，在【超链接】文本框中输入"http://www.cai8.net/"。

（2）单击【标签】选项卡，如图 2-56 所示，在【标签】文本框中输入"课件吧"，单击【确定】按钮，构造【课件吧】按钮。

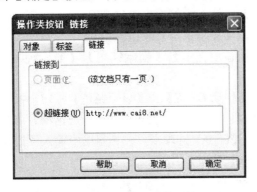

图 2-55　输入链接网址

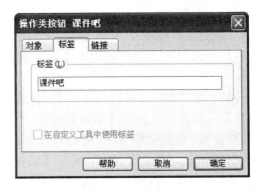

图 2-56　修改标签

2．实现本地文件的超链接

（1）执行【编辑】|【操作类按钮】|【链接】命令，打开【操作类按钮 链接】对话框，在【超链接】文本框中输入"D:\音乐\1.mp3"（输入本地计算机上的文件及其路径）。

专家点拨：输入文件名时要输入扩展名。

（2）单击【标签】选项卡，在【标签】文本框中输入"音乐"，单击【确定】按钮，构造【音乐】按钮。

3．链接到几何画板文件中不同的页面

如果在几何画板中建立了多页，可以利用按钮实现各页面之间的跳转。

（1）执行【文件】|【文档选项】命令，打开【文档选项】对话框，在【页名称】文本框中将"1"改为"课件封面"，如图 2-57 所示。

（2）单击【增加页】按钮，在弹出的下拉菜单中选择【空白页面】命令，增加一个新页，并在【页名称】文本框中将页名改为"动画"，如图 2-58 所示，单击【确定】按钮，将画板文件设为两个页面。

图 2-57　修改页名称

图 2-58　新增一个页面

（3）单击画板左下角的【课件封面】按钮，进入【课件封面】页。

（4）执行【编辑】|【操作类按钮】|【链接】命令，打开【操作类按钮 链接】对话框，如图 2-59 所示，单击【标签】选项卡，在"标签"文本框中输入"动画页"，单击【确定】按钮，构造【动画页】按钮。

（5）按照上述方法，在各个页面中做出链接到其他页面的按钮。

2.3.6　声音按钮

视频讲解

几何画板 5.0 的【操作类按钮】中新增一个【声音】命令。这是一个很有趣的功能，利用它构造【听到函数】按钮，单击它会发出由这个函数图像表示的声波产生的声音。

例 2-16　听三角函数。

（1）单击【线段工具】 ，在画板适当位置绘制一条线段 AB。

（2）选中线段 AB，执行【度量】|【长度】命令，并把度量值的标签改为"A"，按相同的方法绘制线段 CD，并把度量值的标签改为"f"。

（3）执行【数据】|【新建函数】命令，打开【新建函数】对话框，新建函数 $g(x)=A \cdot \sin(100 \cdot f \cdot 2 \cdot \pi \cdot x)$，如图 2-60 所示。

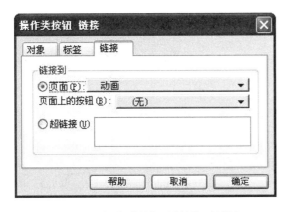

图 2-59　【操作类按钮 链接】对话框

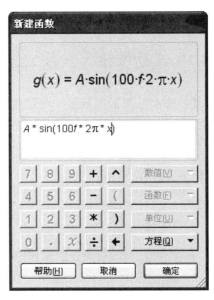

图 2-60　【新建函数】对话框

（4）选中新建的函数，执行【编辑】|【操作类按钮】|【声音】命令，构造【听到函数 g】按钮。

（5）右击新建的函数，在弹出的下拉菜单中选择【绘制函数】命令，绘制出函数的图像。

（6）单击【听到函数 g】按钮就会发出声音，拖动线段的端点可以改变声音的大小和频率，如图 2-61 所示。

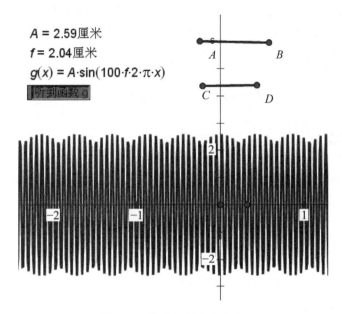

图 2-61　单击按钮发出声音

专家点拨：改变振幅 A 可以调节声音音量的大小，改变 f 的值可以改变声音的频率。

2.3.7　滚动按钮

【操作类按钮】的最后一个是【滚动】命令。当页面内容很多无法全部显示时，可以利用这个按钮控制整个屏幕的滚动（相当于其他软件中的【书签】功能）。

2.4　本章习题

一、选择题

1. 下列几何画板快捷键操作中，不正确的是（　　）。

    A．"复制"的快捷键是 Ctrl+C　　　　　　　　B．"粘贴"的快捷键是 Ctrl+V

    C．"全选"的快捷键是 Ctrl+Q　　　　　　　　D．"剪切"的快捷键是 Ctrl+X

2. 在利用几何画板工具箱中的工具进行对象操作时，不正确的是（　　）。

    A．可利用其中的【旋转箭头工具】对选中的对象进行旋转

    B．可利用其中的【射线工具】绘制射线

    C．可利用其中的【标记工具】进行手工绘图

    D．可利用其中的【多边形工具】绘制矩形

3. 几何画板的操作类按钮主要是由（　　）组成的。

①隐藏/显示　②动画　③播放　④系列　⑤声音　⑥链接

    A．①②③④⑥　　　　B．①②④⑤⑥　　　　C．①②③⑤⑥　　　D．①③④⑤⑥

4．几何画板中，下列说法正确的是（　　　）。

　　A．用移动箭头工具逐渐靠近点、线或圆，鼠标会由原来横向的箭头变成倾斜的箭头

　　B．用点、圆和线段直尺工具逐渐靠近对象，相应的对象会变为高亮状态

　　C．用文本工具靠近已有的文本对象，光标的手形会由黑色变为白色

　　D．用移动箭头工具移向按钮时，鼠标会由黑色箭头变成白色箭头

二、填空题

1．利用几何画板中的【圆工具】绘制一个圆，此时会自动绘制出_____个点。

2．在几何画板中，构造动画按钮使用的是_____菜单。

3．几何画板工具箱中的【线段直尺工具】可以绘制_____。

4．在几何画板中，可以使用_____工具为点标上字母标签。

2.5　上机练习

练习 1　绘制一个圆内接三角形并构造顶点在圆上运动

　　本练习是制作一个简单的动画，效果如图 2-62 所示。在动画的制作中，涉及本章学习的工具箱中各种工具的简单使用方法和构造动画操作类按钮等知识。

　　主要制作步骤提示：

　　（1）新建一个几何画板文件。

　　（2）利用工具箱中的圆工具和多边形工具绘制圆内接三角形。

　　（3）利用工具箱中的标记工具标记出角 *DFG* 并把角度度量出来。

　　（4）构造一个动画操作类按钮，使点 *D* 在圆上运动。

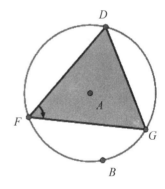

$m\angle DFG = 54.17°$

图 2-62　工具箱及动画按钮的使用 1

练习 2　利用按钮显示和隐藏圆与四边形

　　本练习是制作交互显示与隐藏圆与四边形的按钮，效果如图 2-63 所示。单击显示四边形按钮就可以只显示四边形；单击显示圆按钮就可以只显示圆。在制作中，涉及本章学习的工具箱中各种工具的简单使用方法和构造【隐藏/显示】及系列操作类按钮等知识。

　　主要制作步骤提示：

　　（1）新建一个几何画板文件。

　　（2）利用工具箱中的圆工具和多边形工具绘制圆和四边形。

　　（3）执行【编辑】|【操作类按钮】|【隐藏/显示】命令，构造【隐藏/显示】按钮，并设置其显示方式。

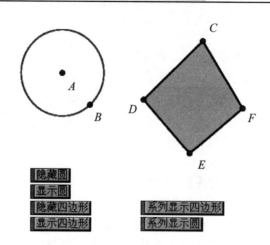

图 2-63　工具箱及动画按钮的使用 2

（4）选中【隐藏圆】和【显示四边形】按钮，执行【编辑】|【操作类按钮】|【系列】命令，构造【系列显示四边形】按钮，按相同的方法构造另一个按钮。

几何画板 5.0 的绘图方法

学会几何画板的绘图方法是制作一个好课件的基础。本章介绍了利用几何画板5.0的工具箱、构造菜单、变换菜单、数据和绘图菜单绘制静态和动态图形的方法。

本章知识要点：

- 利用工具箱绘制简单图形。
- 利用构造菜单绘制图形。
- 利用变换菜单绘制图形。
- 利用数据和绘图菜单绘制图形。

3.1 利用工具箱绘制简单图形

几何画板 5.0 的工具箱是几何画板中最基本和最重要的工具，其中包含箭头工具、点工具、圆工具、线段直尺工具、多边形工具、文本工具、标记工具、信息工具和自定义工具共 9 类工具。要求熟练地利用它们绘制简单图形。

3.1.1 绘制多边形

视频讲解

多边形是一类重要而又基础的图形，它被广泛地应用到平面几何之中，也是绘制立体几何图形的基础。几何画板 5.0 在绘制多边形的功能方面也逐渐趋于完美。

1. 绘制三角形

利用工具箱的工具绘制等边三角形、等腰三角形、直角三角形。

知识要点：

- 圆工具的使用方法。
- 线段直尺工具的使用方法。
- 显示菜单的使用方法。

例 3-1 绘制等边三角形。

（1）启动几何画板 5.0，执行【文件】|【新建画板】命令，新建一个名为"等边三角形"的画板文件。

（2）利用【圆工具】 ⊙ 绘制一个圆，以圆上的点（半径点）为圆心，选中【圆工具】拖动鼠标光标到圆心位置绘制另一个圆，这时两个圆的大小是完全一样的，如图 3-1 所示。

（3）选中两个圆的圆心和两个圆其中的一个交点，利用【线段工具】 ╱绘制这三个点构成的三角形，如图 3-2 所示。

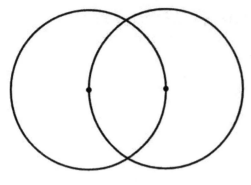

图 3-1　绘制两个圆

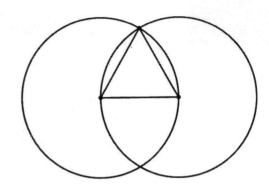

图 3-2　绘制三角形

（4）选中两个圆，执行【显示】|【隐藏圆】命令，这时两个圆被隐藏，只剩下一个等边三角形，如图 3-3 所示。

例 3-2　绘制等腰三角形。

（1）启动几何画板 5.0，执行【文件】|【新建画板】命令，新建一个名为"等腰三角形"的画板文件。

（2）利用【圆工具】 ⊙绘制一个圆。

（3）单击【点工具】 ·，然后把鼠标光标移到圆上，在圆上单击绘制一个圆上的点，如图 3-4 所示。

（4）选中圆心和圆上的两个点，利用【线段工具】 ╱绘制这三个点构成的三角形，如图 3-5 所示。

图 3-3　隐藏圆后的三角形

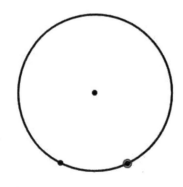

图 3-4　绘制圆和圆上的点

图 3-5　绘制三角形

（5）选中圆，执行【显示】|【隐藏圆】命令，这时圆就隐藏，只剩下一个等腰三角形，如图 3-6 所示。

例 3-3　绘制直角三角形。

（1）启动几何画板 5.0，执行【文件】|【新建画板】命令，新建一个名为"直角三角形"的画板文件。

（2）利用【圆工具】 ⊙绘制一个圆。依次选中圆上的点和圆心（顺序不能错），利用【射线工具】 ╱绘制一条过圆心的射线，如图 3-7 所示。

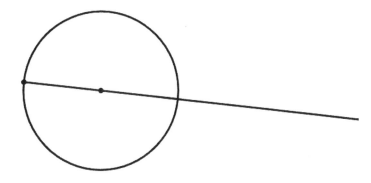

图 3-6　隐藏圆后的等腰三角形　　　　　　图 3-7　绘制一条过圆心的射线

（3）单击【点工具】 ，把鼠标光标移到圆和射线的交点处，单击绘制交点。选中射线，执行【显示】|【隐藏射线】命令，这时射线被隐藏，只剩下交点和圆上的一个点。

（4）单击【点工具】 ，把鼠标光标移到圆上，在圆上单击绘制一个圆上的点。

（5）选中圆上的三个点，利用【线段工具】 绘制这三个点构成的三角形，如图 3-8 所示。

（6）选中圆和圆心，执行【显示】|【隐藏对象】命令，这时圆和圆心被隐藏，只剩下一个直角三角形，如图 3-9 所示。

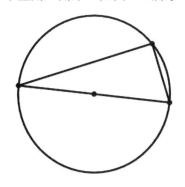

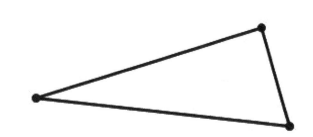

　　　图 3-8　绘制三角形　　　　　　　　　图 3-9　隐藏圆后的直角三角形

2．绘制四边形

利用工具箱的多边形工具绘制正方形。

知识要点：

- 多边形工具的使用方法。
- 网格菜单的使用方法。

例 3-4　绘制正方形。

（1）启动几何画板 5.0，执行【文件】|【新建画板】命令，新建一个名为"正方形"的画板文件。

（2）执行【绘图】|【显示网格】命令，再执行【绘图】|【自动吸附网格】命令，此时绘图区会显示有坐标系的网格。

（3）选中坐标系，执行【显示】|【隐藏对象】，把坐标系隐藏，只剩下网格。

（4）单击【多边形边工具】△，选好位置单击鼠标，出现的点会自动吸附在网格的格点上，取好正方形的边长（这里取 5 格），就可以绘制正方形，如图 3-10 所示。

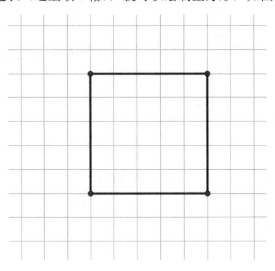

图 3-10　绘制正方形

3.1.2　绘制圆内接三角形

本节主要介绍如何利用几何画板制作一个课件，无论如何改变圆的大小，三角形的三个顶点总是在圆上。

知识要点：

- 圆工具的使用方法。
- 线段直尺工具的使用方法。

例 3-5　绘制圆内接三角形。

（1）利用【圆工具】⊙在画板的适当位置拖动绘制一个圆。

（2）单击【文本工具】**A**，移动鼠标光标到圆心，当指针变为👆时单击，将圆心的标签设为 A，圆上点设为 B，如图 3-11 所示。

（3）单击【线段工具】✎，将鼠标光标移到圆 A 的圆周上（此时状态栏提示"构造当前对象起点在圆上"），如图 3-12 所示。

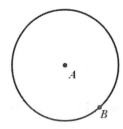

图 3-11　绘制圆 A

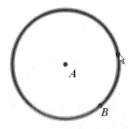

图 3-12　将鼠标光标移到圆 A 的圆周上

（4）拖动鼠标，将鼠标光标移至点 D 处（此时状态栏提示"终点落在此圆上"），松开鼠标，绘制圆 A 的一条弦 CD，如图 3-13 所示。

（5）参照上述方法，分别绘制圆 A 的另外两条弦 DE 和 EC，最终效果如图 3-14 所示。

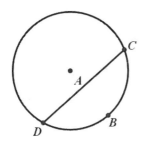

图 3-13　将鼠标移到圆 D 处绘制弦 CD

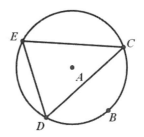

图 3-14　绘制另外两条弦

（6）执行【文件】|【保存】命令，并以"圆内接三角形"为文件名保存。

3.1.3　绘制线段的垂直平分线

利用几何画板很容易构造线段的垂直平分线，下面提供一种利用尺规作图法构造线段垂直平分线的方法。

知识要点：

- 选择箭头工具的使用方法。
- 圆工具的使用方法。
- 线段直尺工具的使用方法。

视频讲解

例 3-6　绘制线段的垂直平分线。

（1）单击【线段工具】 $\diagup$，在画板的适当位置拖动绘制一条线段 AB。

（2）单击【圆工具】 $\odot$，将鼠标光标移至点 A 处，拖动鼠标至点 B 处，松开鼠标，绘制以点 A 为圆心，经过点 B 的圆 c_1，如图 3-15 所示。

（3）参照步骤（2）的方法，绘制以点 B 为圆心，经过点 A 的圆 c_2。

（4）单击【移动箭头工具】 ，单击圆 c_1 和圆 c_2 的交点处，构造两圆的交点 C、D，如图 3-16 所示。

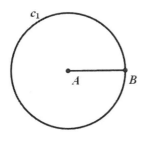

图 3-15　绘制圆 c_1

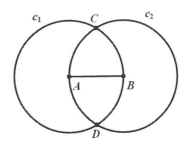

图 3-16　构造两圆的交点

（5）单击【线段直线工具】，在弹出的选择板中选择【直线工具】。

（6）将鼠标光标移到点 C，按下左键，拖动至点 D 处，绘制直线 CD。

（7）同时选中圆 c_1 和圆 c_2，执行【显示】|【隐藏圆】命令，将两圆隐藏。

（8）单击【移动箭头工具】，再单击直线 CD 和线段 AB 的交点，构造直线 CD 和线段 AB 的交点 E，最终效果如图 3-17 所示。

（9）执行【文件】|【保存】命令，并以"线段的垂直平分线"为文件名保存。

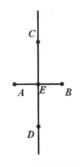

图 3-17　最终效果图

视频讲解

3.1.4　利用标记工具手绘和标记图形

几何画板 5.0 添加了【标记工具】，它可以实现类似 PowerPoint 的手写功能，可以手绘符号、图线，甚至还可以转换。几何画板 5.0 直接内置了一些原本是通过扩展工具来实现的图形标记功能，如角、多边形或箭头等标记的功能。下面制作一个动画，实现像 Flash 中让一物体沿自定义的路径运动的效果。

知识要点：

- 标记工具的使用方法。
- 动画按钮的使用方法。
- 导入外部图片的方法。

例 3-7　沿手绘路径运动的月亮。

（1）单击【标记工具】，在画板的适当位置拖动画出一曲线。

（2）选中所画出的曲线，右击，在弹出的快捷菜单中选择【创建绘图函数】命令，如图 3-18 所示。

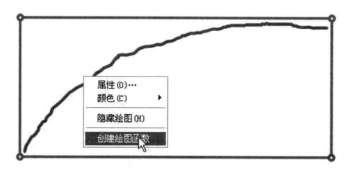

图 3-18　创建绘图函数

（3）此时画板会创建一个绘图函数"$g(x)$：绘图[1]"并显示在坐标系的左上角，右击"$g(x)$：绘图[1]"，在弹出的快捷菜单中选择【绘制函数】命令。这时画板就把手绘曲线转化成函数曲线，如图 3-19 所示。

（4）单击【点工具】，在函数曲线上取一个点并选中，然后利用 Photoshop 绘图软件绘制一个月亮，并把制作好的月亮复制到剪贴板中，回到画板工作区域，执行【编辑】|【粘

贴图片】命令，把月亮粘贴到点上，如图 3-20 所示。

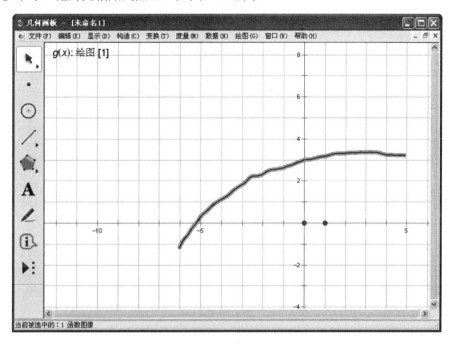

图 3-19　绘制函数曲线

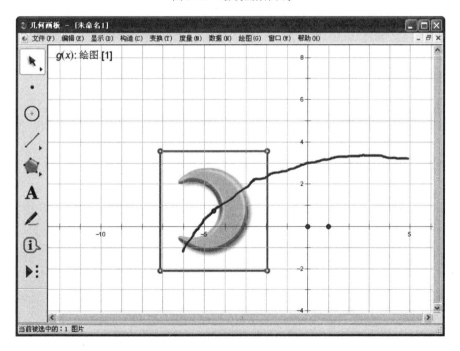

图 3-20　粘贴图片到点上

　　（5）选中点，执行【编辑】|【操作类按钮】|【动画】命令，在弹出的对话框中单击【确定】按钮，不改变其他的设置，此时画板的绘图区会出现一个【动画对象】按钮，如图 3-21 所示。

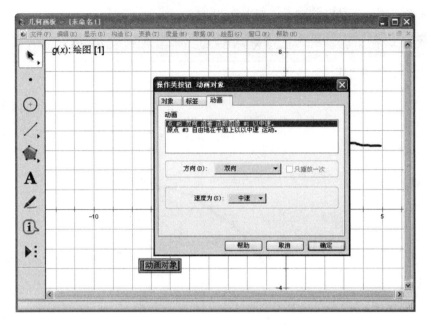

图 3-21　设置动画

（6）选中函数曲线，右击，选择【属性】命令，打开【属性】对话框，选择【绘图】选项卡，在【范围】参数项中设置 x 的范围，使月亮沿着函数曲线来回运动。

（7）同时选中坐标系、点和曲线，执行【显示】|【隐藏对象】命令，再执行【绘图】|【隐藏网格】命令，将除了月亮和动画按钮外的其他对象隐藏。单击【动画对象】按钮，月亮就会沿着函数曲线（即手绘路径）来回运动了。最终效果如图 3-22 所示。

图 3-22　最终动画效果

（8）执行【文件】|【保存】命令，并以"运动的月亮"为文件名保存。

3.2　利用构造菜单绘制图形

前面学习了如何利用工具箱绘制欧氏几何的各种图形。为了更方便、更快速地作图，几何画板还提供了一个【构造】菜单。【构造】菜单中的每个命令项都可以代替一系列欧几里得尺规作图。【构造】菜单的主要功能是：用几何画板中现有的几何对象构造出新的几何对象。所以在使用【构造】菜单中的命令构造新的几何对象前，必须在画板中选定一些现有的几何对象。否则，【构造】菜单中的命令便呈现功能无效状态（命令项为灰色）。

3.2.1　构造对象上的点

视频讲解

本小节主要介绍如何利用【构造】菜单构造选定对象上的点。

知识要点：

- 选定的线上取点的方法（前提是选定一条直线或线段）。
- 圆上取点的方法（前提是选定一个圆）。
- 轨迹上取点的方法（前提是选定一条轨迹）。

例 3-8　构造线段上的点。

（1）单击【线段工具】 ╱ ，在画板的适当位置拖动绘制一条线段 AB。

（2）执行【构造】|【线段上的点】命令，构造线段 AB 上的任一点。

（3）单击【文本工具】 **A** ，鼠标光标变为 🖑 形状，单击新构造的点，将标签设为 C，如图 3-23 所示。拖动点 A 或点 B，点 C 总在线段 AB 上，拖动点 C 可改变点 C 的位置，但它总在线段 AB 上。

图 3-23　构造线段 AB 上的点 C

（4）执行【文件】|【保存】命令，并以"构造线段上的点"为文件名保存。

🐌**专家点拨：**利用【点工具】 · ，单击相应的对象，也可构造对象上的点。其他的像圆、轨迹等对象构造点的方法和构造线段上的点的方法相同。

3.2.2　构造两个对象的交点

几何画板 5.0 除了可以像旧版一样构造圆与圆、线与圆、线与线的交点以外，还新增了构造轨迹与轨迹、轨迹与其他对象的交点，直接得到方程轨迹的交点，这在以前是无法想象的。

知识要点：

- 利用绘图菜单绘制直线的方法。
- 构造轨迹与圆的交点。

例 3-9　构造直线和圆的交点。

（1）执行【绘图】|【绘制新函数】命令，在弹出的对话框中依次单击"2""x"，绘制函数解析式 $f(x)=2x$，如图 3-24 所示，单击【确定】按钮，绘制函数图像。

（2）利用【圆工具】 ◉ 绘制一个圆。

（3）同时选中圆和直线，执行【构造】|【交点】命令，构造直线和圆的交点。

（4）单击【文本工具】 **A** ，将交点的标签设为 A、B，如图 3-25 所示。拖动圆改变位置，点 A 和点 B 都是它们的交点，当直线和圆无交点时，交点 A、B 自动消失。

专家点拨：利用【移动箭头工具】 单击直线和圆的交点处，也可构造直线和圆的交点。

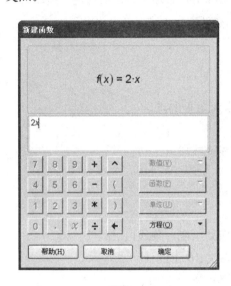

图 3-24　绘制函数 $f(x)=2x$ 的图像

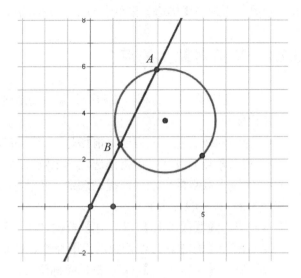

图 3-25　构造直线和圆的交点

（5）执行【文件】|【保存】命令，并以"构造直线和圆的交点"为文件名保存。

3.2.3　构造三角形的中线

本小节主要介绍如何利用【构造】|【中点】命令构造线段的中点。

知识要点：
- 构造线段中点的方法。
- 构造三角形中线的方法。

例 3-10　构造三角形的中线。

（1）单击【线段工具】 ，绘制一个△ABC。

（2）选中线段 AB，执行【构造】|【中点】命令，构造线段 AB 的中点 D。

（3）单击【线段工具】 ，构造线段 CD，如图 3-26 所示。拖动点 A、点 B 或点 C，改变三角形的大小和形状，线段 CD 总是△ABC 的边 AB 上的中线。

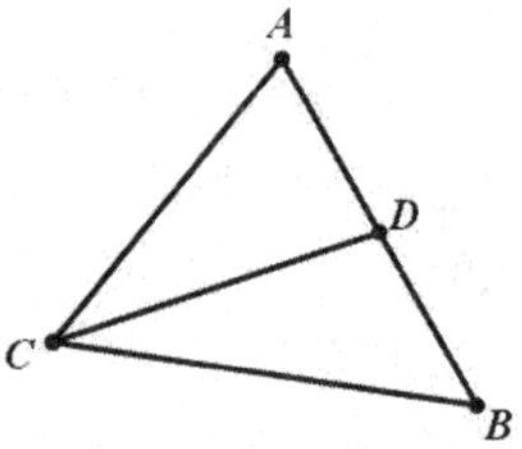

图 3-26　构造三角形的中线 CD

（4）执行【文件】|【保存】命令，并以"构造三角形的中线"为文件名保存。

3.2.4　构造线段、射线、直线

本小节主要介绍如何利用【构造】|【线段】命令构造线段，如何利用【构造】|【射线】命令构造射线，如何利用【构造】|【直线】命令构造直线。

知识要点:

- 构造过两个点的线段、射线、直线的方法。
- 构造过三个或三个以上点的线段、射线、直线的方法。

例 3-11 构造线段、射线、直线。

(1) 单击【点工具】 · ，在画板上任意绘制 6 个点：*A*、*B*、*C*、*D*、*E*、*F*。

(2) 单击【移动箭头工具】 ，同时选中点 *A* 和点 *B*。

(3) 执行【构造】|【线段】命令，构造线段 *AB*。

(4) 单击【移动箭头工具】 ，依次选中点 *C* 和点 *D*。

(5) 执行【构造】|【射线】命令，构造射线 *CD*。

 专家点拨：构造射线时要注意选点的顺序，若依次选中点 *D* 和点 *C*，则构造射线 *DC*。

(6) 单击【选择箭头工具】 ，同时选中点 *E* 和点 *F*。

(7) 执行【构造】|【直线】命令，构造直线 *EF*，最终效果如图 3-27 所示。拖动线段 *AB* 的端点可改变线段的长度和方向；拖动射线 *CD* 上的点 *D* 可以改变射线的方向；拖动直线上的点 *E* 或点 *F* 可以改变直线 *EF* 的方向。

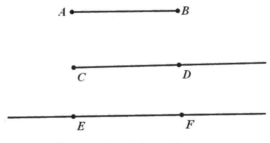

图 3-27 构造线段、射线、直线

(8) 执行【文件】|【保存】命令，并以"构造线段、射线、直线"为文件名保存。

3.2.5 构造线段的中垂线

本小节主要介绍如何利用【构造】|【垂线】命令构造线段的中垂线。

知识要点:

- 构造垂线的方法。
- 构造线段的中垂线的方法。

例 3-12 构造线段的中垂线。

(1) 单击【线段工具】 ，在画板的适当位置绘制一条线段 *AB*。

(2) 执行【构造】|【中点】命令，构造线段 *AB* 的中点 *C*。

(3) 单击【移动箭头工具】 ，同时选中线段 *AB* 和中点 *C*。

视频讲解

（4）执行【构造】|【垂线】命令，过点 C 构造线段 AB 的中垂线 l，最终效果如图 3-28 所示。拖动点 A 或点 B，改变线段 AB 的长度和位置，直线 l 总是线段 AB 的中垂线。

（5）执行【文件】|【保存】命令，并以"构造线段的中垂线"为文件名保存。

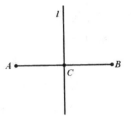

图 3-28　构造线段的中垂线

3.2.6　构造已知线段的平行线

视频讲解

本小节主要介绍如何利用【构造】|【平行线】命令构造线段的平行线。

知识要点：构造线段的平行线的方法。

例 3-13　构造已知线段的平行线。

（1）单击【线段工具】 ，在画板的适当位置绘制一条线段 AB。

（2）单击【点工具】 ，在线段 AB 外任意绘制一点 C。

（3）单击【移动箭头工具】 ，同时选中线段 AB 和点 C。

（4）执行【构造】|【平行线】命令，过点 C 构造线段 AB 的平行线 l，最终效果如图 3-29 所示。拖动线段的端点 A 或 B，改变线段 AB 的方向，直线 l 总是线段 AB 的平行线。拖动点 C，改变点 C 的位置，直线 l 也依然与线段 AB 保持平行。

（5）执行【文件】|【保存】命令，并以"构造已知线段的平行线"为文件名保存。

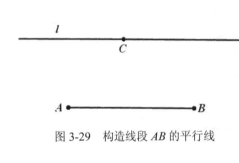

图 3-29　构造线段 AB 的平行线

3.2.7　构造已知角的平分线

视频讲解

本小节主要介绍如何利用【构造】|【角平分线】命令构造角的平分线。

知识要点：构造角平分线的方法。

例 3-14　绘制三角形的内心。

（1）单击【点工具】 ，在画板的适当位置任意绘制三个点 A、B、C。

（2）执行【编辑】|【选择所有点】命令，同时选中三点 A、B、C。

（3）执行【构造】|【线段】命令，构造△ABC。

（4）单击【移动箭头工具】 ，依次选中点 B、点 A 和点 C。

（5）执行【构造】|【角平分线】命令，构造∠BAC 的角平分线 j，如图 3-30 所示。

（6）单击【移动箭头工具】 ，单击射线 j 和线段 BC 的交点处（状态栏提示：单击构造交点），构造射线 j 和线段 BC 的交点 D。

（7）参照上述方法，构造∠ABC 的角平分线 k，并构造射线 k 与线段 AC 的交点 E。

（8）同时选中射线 j 和射线 k，执行【显示】|【隐藏平分线】命令，将两条平分线隐藏。

（9）单击【线段工具】 ，构造线段 AD 和线段 BE。

（10）参照上述方法，构造线段 *AD* 和线段 *BE* 的交点 *F*，最终效果如图 3-31 所示。拖动△*ABC* 的顶点，改变三角形的形状，点 *F* 总是△*ABC* 的内心。

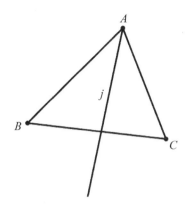

图 3-30　构造∠*BAC* 的角平分线 *j*

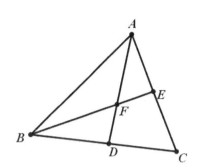

图 3-31　构造三角形的内心

（11）执行【文件】|【保存】命令，并以"绘制三角形的内心"为文件名保存。

3.2.8　构造圆、圆上的弧、过三点的弧

本小节主要介绍如何利用【构造】|【以圆心和半径绘圆】命令构造圆，如何利用【构造】|【圆上的弧】命令构造圆上的弧，如何利用【构造】|【过三点的弧】命令构造过三点的弧。

视频讲解

知识要点：

* 以圆心和半径构造圆的方法。
* 构造圆上的弧的方法。
* 构造过三点的弧的方法。

例 3-15　构造三个同心圆、圆上的弧、过三点的弧。

（1）单击【线段工具】，在画板的适当位置任意绘制三条线段 *AB*、*CD*、*EF*。

（2）单击【点工具】，在画板上任意绘制一点 *O*。

（3）选中点 *O* 和线段 *AB*、*CD*、*EF*，执行【构造】|【以圆心和半径绘圆】命令，构造三个同心圆。

（4）单击【文本工具】**A**，将三个圆的标签显示出来，如图 3-32 所示。拖动线段 *AB*、*CD*、*EF* 的端点，改变圆 c_1、c_2、c_3 的半径，拖动点 *O*（或任意圆周）可以改变圆的位置。

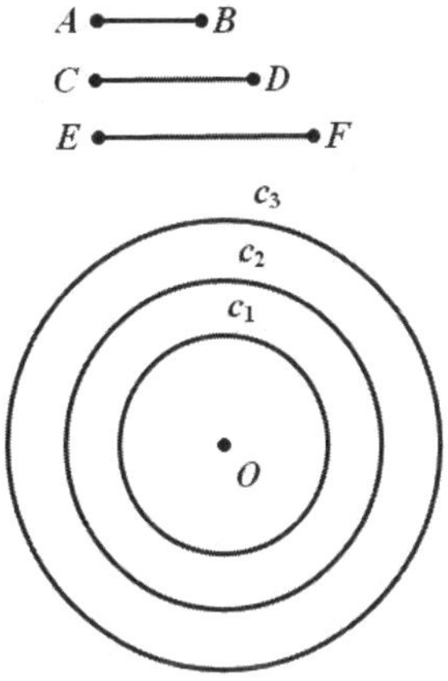

图 3-32　构造三个同心圆

（5）单击【线段工具】，在画板的适当位置任意绘制一条线段 *AB*。

（6）单击【点工具】，在画板上任意绘制一点 *C*。

（7）选中点 *C* 和线段 *AB*，执行【构造】|【以圆心和半径绘圆】命令，构造圆 c_1。

（8）单击【点工具】，在圆 c_1 上任意绘制两点 *D*、*E*，如图 3-33 所示。

（9）依次选中点 *D*、*E* 和圆 c_1，选择【构造】|【圆上的弧】命令，构造弧 *DE*。

注：若依次选中点 E、D 和圆 c_1，构造的弧与步骤（9）中构造的弧是不同的。

（10）选中圆 c_1，选择【显示】|【隐藏圆】命令，将圆 c_1 隐藏，如图 3-34 所示。拖动线段 AB 的端点，可以改变弧 DE 的半径；拖动点 C（或弧 DE），可以改变弧 DE 的位置。

（11）单击【点工具】，在画板的适当位置任意绘制三点 F、G、H。

（12）依次选中点 F、G、H，执行【构造】|【过三点的弧】命令，构造弧 FGH，最终效果如图 3-35 所示。拖动点 H、点 F 或点 G，可以改变弧 FGH 的形状。

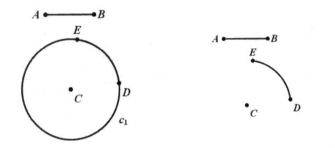

图 3-33　构造圆 c_1 上的点 D 和点 E　　图 3-34　隐藏圆 c_1　　图 3-35　过三点的弧

（13）执行【文件】|【保存】命令，并以"构造三个同心圆、圆上的弧、过三点的弧"为文件名保存。

3.2.9　构造圆的内部、多边形的内部、扇形的内部

本小节主要介绍如何利用【构造】|【内部】命令构造多边形及圆的内部，如何利用【构造】|【弧内部】命令构造扇形的内部。

知识要点：

- 构造圆的内部的方法。
- 构造多边形的内部的方法。
- 构造扇形的内部的方法。

例 3-16　构造圆的内部、三角形的内部和扇形的内部。

（1）单击【圆工具】，在画板的适当位置任意构造一个圆 c_1。

（2）选中圆 c_1，执行【构造】|【圆内部】命令，构造圆 c_1 的内部，如图 3-36 所示。拖动点 B，可以改变圆 c_1 的半径，圆的内部也随之变化。

（3）单击【点工具】，在画板的适当位置绘制三个点 C、D、E。

（4）同时选中点 C、D、E，执行【构造】|【线段】命令，构造△CDE。

（5）同时选中点 C、D、E，执行【构造】|【三角形内部】命令，构造△CDE 的内部，如图 3-37 所示。拖动点 C、D、E，可以改变△CDE 的形状，三角形的内部也随之变化。

专家点拨：构造多边形内部时，要注意选点的顺序，选点顺序不同，构造的内部也不同。

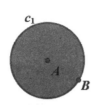

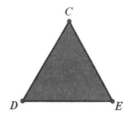

图 3-36　构造圆的内部　　　　　图 3-37　构造三角形的内部

（6）单击【线段工具】，在画板的适当位置任意绘制一条线段 *AB*。

（7）单击【点工具】，在画板的适当位置绘制一个点 *C*。

（8）同时选中点 *C* 和线段 *AB*，执行【构造】|【以圆心和半径绘圆】命令，构造圆 c_1。

（9）单击【点工具】，在圆 c_1 的圆周上任意绘制两个点 *D*、*E*。

（10）依次选中点 *D*、*E* 和圆 c_1，执行【构造】|【圆上的弧】命令，构造弧 *DE*，如图 3-38 所示。

（11）选中圆 c_1，执行【显示】|【隐藏圆】命令，将圆 c_1 隐藏。

（12）单击【线段工具】，绘制线段 *CE* 和线段 *CD*。

（13）选中弧 *DE*，执行【构造】|【弧内部】|【扇形内部】命令，构造扇形的内部，如图 3-39 所示。拖动点 *A* 或点 *B*，可以改变扇形的半径；拖动点 *D* 或点 *E*，可以改变扇形的弧长。

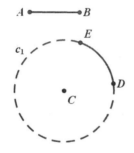

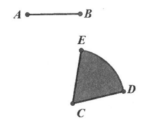

图 3-38　构造圆上的弧　　　　　图 3-39　构造扇形及其内部

专家点拨：只有在选中弧的前提下，【构造】菜单中才出现【弧内部】|【扇形内部】命令。

（14）执行【文件】|【保存】命令，并以"构造圆的内部、三角形的内部和扇形的内部"为文件名保存。

3.2.10　构造轨迹

本小节主要介绍如何利用【构造】|【轨迹】命令构造轨迹。

知识要点：

● 构造轨迹的方法。

● 构造椭圆的方法。

视频讲解

例 3-17 利用椭圆定义构造椭圆。

平面内到两个定点 F_1、F_2 的距离之和等于定长 $2a$（$|F_1F_2|>2a$，$a>0$）的点的轨迹就是椭圆。

（1）单击【圆工具】⊙，在画板的适当位置任意画一个圆 c_1，将圆心的标签改为 F_1。

（2）单击【点工具】·，在圆 c_1 上任意绘制一点 C。

（3）同时选中点 F_1 和点 C，执行【构造】|【线段】命令，构造线段 F_1C。

（4）单击【点工具】·，在线段 F_1C 上任意绘制一点 F_2，如图 3-40 所示。

（5）在圆 c_1 上任意画一点 E，并构造线段 EF_1 和线段 EF_2。

（6）选中线段 EF_2，执行【构造】|【中点】命令，构造线段 EF_2 的中点 F。

（7）同时选中线段 EF_2 和点 F，执行【构造】|【垂线】命令，构造线段 EF_2 的垂直平分线 j。

（8）同时选中线段 EF_1 和直线 j，选择【构造】|【交点】命令，构造线段 EF_1 和直线 j 的交点 G，如图 3-41 所示。

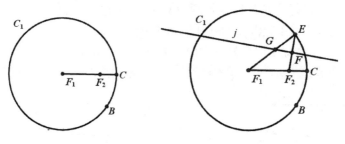

图 3-40　绘制椭圆的焦点　　　　图 3-41　构造交点 G

（9）同时选中点 G 和点 E（把点 E 称为点 G 的相关点，改变点 E 的位置，点 G 的位置也跟着改变），选择【构造】|【轨迹】命令，可构造椭圆，如图 3-42 所示，拖动点 B 和点 F_2 可改变椭圆的形状。

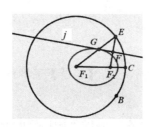

图 3-42　绘制椭圆的焦点

（10）执行【文件】|【保存】命令，并以"利用椭圆定义构造椭圆"为文件名保存。

3.3　利用变换菜单绘制图形

利用工具箱和【构造】菜单绘制图形是几何画板提供的构造图形的基本方法。利用它们能构造想得到的几何图形。几何画板还提供了【变换】菜单——对图形进行平移、旋转、缩放、反射，使我们在构造图形时如虎添翼。

3.3.1　标记功能简介

【变换】菜单下的标记功能主要有【标记中心】、【标记镜面】、【标记角度】、【标记比】、【标记向量】和【标记距离】。

1．【标记中心】

把一点标记（定义）为旋转中心或缩放中心，旋转或缩放某对象时的设置。【标记中心】是为【旋转】服务的，【标记中心】实际是在"标记旋转或缩放中心"，操作的前提是选中一个点。完成【标记中心】操作也可以不用菜单，实际上直接双击这个点也可以把这个点标记为旋转中心。然后的操作就是选中一些元素，执行【变换】|【旋转】命令（要填入旋转角度）。一般情况下，【标记中心】和【旋转】、【缩放】是不可分的，【标记中心】的下一步就是【旋转】、【缩放】。

2．【标记镜面】

把一条线标记（定义）为反射镜面（对称轴），反射某些对象时的设置。【标记镜面】是为【反射】服务的，【标记镜面】的操作步骤是先选中一条线或线段，然后执行【变换】|【标记镜面】命令。其实际意义是标记一条对称轴，为后续绘制一些元素的对称图形服务。一般情况下，【标记镜面】和【反射】是不可分的，【标记镜面】的下一步就是【反射】。

3．【标记角度】

角度的标记可以用两种方法实现：依次选中三个点（其中，中间一点为角的顶点），或者用【度量】菜单下的【角度】命令度量出一个角的大小，选中该角的度量值。【标记角度】是为【旋转】服务的，一般情况下，【标记角度】和【旋转】是不可分的，【标记角度】的下一步就是【旋转】。

4．【标记比】

先后选中一条线上的三个点 *A*、*B*、*C* 形成的比 *AC*/*AB*；标记线段比，先后选中两条线段，定义这两条线段（先比后）的比；标记比值，选中一个没有单位的数值。以上比值可用于控制被缩放的对象。一般情况下，【标记比】和【缩放】是不可分的，【标记比】的下一步就是【缩放】。

5．【标记向量】

先后选中两点，标记从第一点到第二点的向量，可用于控制对象的平移。向量即"矢量"，是带有方向和长度的线段。【标记向量】的操作步骤是先选中两点（注意体会选中的两点是有顺序的），然后执行【变换】|【标记向量】命令。其实际意义是标记一个从起点（先选择的点）到终点（后选择的点）的向量，为后续平移一些元素（可以是点、线等各种

元素，元素个数也不一定为一个）服务。一般情况下，【标记向量】和【平移】是不可分的，【标记向量】的下一步就是【平移】。

6.【标记距离】

选中一个或者两个带长度单位的度量值或计算值，可用于控制被平移的对象。一般情况下，【标记距离】和【平移】是不可分的，【标记距离】的下一步就是【平移】。

3.3.2　平移对象

视频讲解

本小节主要介绍如何利用【变换】|【平移】命令按固定距离平移对象和按标记向量平移对象。

知识要点：

- 按固定距离平移对象的方法。
- 按标记向量平移对象的方法。
- 【变换】|【平移】菜单的使用方法。

例 3-18　将△ABC 向右平移 4cm，向上平移 3cm，得到△A′B′C′。

方法一：按固定距离平移对象。

（1）单击【多边形工具】$\bigcirc$，在画板的适当位置绘制一个△ABC。

（2）单击【移动箭头工具】，同时选中△ABC 的所有边和所有顶点。

（3）执行【变换】|【平移】命令，在弹出的【平移】对话框中，按如图 3-43 所示进行设置，单击【平移】按钮，得到△A′B′C′。

（4）执行【文件】|【保存】命令，并以"平移三角形（方法一）"为文件名保存。

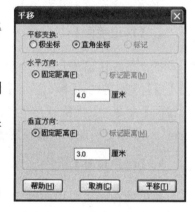

图 3-43　【平移】对话框

方法二：按标记向量平移对象。

（1）单击【多边形工具】$\bigcirc$，在画板的适当位置绘制一个△ABC。

（2）单击【线段工具】，在画板的适当位置绘制一条线段 DE。

（3）先后选中 D、E 两点，执行【变换】|【标记向量】命令，标记从点 D 到点 E 的向量。

（4）单击【移动箭头工具】，同时选中△ABC 的所有边和所有顶点。

（5）执行【变换】|【平移】命令，在弹出的【平移】对话框中，按如图 3-44 所示进行设置，单击【平移】按钮，得到△A′B′C′。最终效果如图 3-45 所示。

（6）执行【文件】|【保存】命令，并以"平移三角形（方法二）"为文件名保存。

3.3.3　旋转对象

视频讲解

本小节主要介绍如何利用【变换】|【旋转】命令按固定角度旋转对象和按标记角度旋转对象。

图 3-44 【平移】对话框

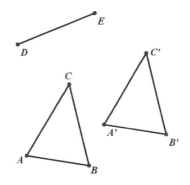

图 3-45 按标记向量平移△*ABC*

知识要点：

- 按固定角度旋转对象的方法。
- 按标记角度旋转对象的方法。
- 【变换】|【旋转】菜单的使用方法。

例 3-19 构造正五边形。

（1）单击【线段工具】 ，在画板的适当位置任意绘制一条线段 *AB*。

（2）单击【移动箭头工具】 ，双击点 *A*，将点 *A* 设为旋转中心。

（3）同时选中点 *B* 和线段 *AB*，执行【变换】|【旋转】命令，打开【旋转】对话框，按如图 3-46 所示进行设置，单击【旋转】按钮，得到线段 *AB'*，如图 3-47 所示。

图 3-46 【旋转】对话框

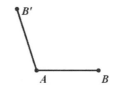

图 3-47 旋转线段 *AB*

（4）单击【移动箭头工具】 ，双击点 *B'*，将点 *B'* 设为旋转中心。

（5）同时选中点 *A* 和线段 *AB'*，执行【变换】|【旋转】命令，打开【旋转】对话框，旋转角度一样是设为 108°，单击【旋转】按钮，得到线段 *B'A'*，如图 3-48 所示。

（6）类似地，按上述方法做出剩余的两条边。

（7）依次选中五边形的五个顶点，执行【显示】|【点的标签】命令，打开【多个对象的标签】对话框，在【起始标签】文本框中输入 "A"，如图 3-49 所示，单击【确定】按钮，将选中的点的标签改为 *A*、*B*、*C*、*D*、*E*，最终效果如图 3-50 所示。

（8）执行【文件】|【保存】命令，并以 "构造正五边形" 为文件名保存。

专家点拨：在图 3-46 中的【固定角度】文本框中，若输入正值，是绕旋转中心按逆时针方向旋转选中的对象；若输入负值，则是绕旋转中心按顺时针方向旋转选中的对象。

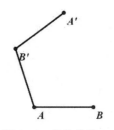
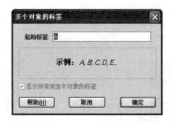
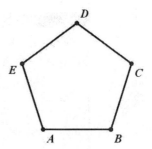

图 3-48　构造线段 *B'A'*　　图 3-49　【多个对象的标签】对话框　　图 3-50　正五边形的最终效果图

例 3-20　利用标记角度控制△*ABC* 的旋转。

（1）单击【多边形工具】⬠，在画板的适当位置绘制一个△*ABC*。

（2）单击【圆工具】⊙，在画板的适当位置绘制一个圆 *D*。

（3）单击【点工具】·，在圆 *D* 上任意绘制两个点 *F*、*G*。

（4）构造线段 *DF* 和 *DG*，并将圆 *D* 隐藏。

（5）依次选中点 *F*、*D*、*G*，执行【变换】|【标记角度】命令，将∠*FDG* 设为标记角。

（6）单击【点工具】·，在画板的适当位置绘制一个点 *H*。

（7）执行【变换】|【标记中心】命令，将点 *H* 设为标记中心。

（8）同时选中点 *A*、*B*、*C* 和线段 *AB*、*AC*、*BC*，执行【变换】|【旋转】命令，打开【旋转】对话框，如图 3-51 所示，单击【旋转】按钮，得到新的△*A'B'C'*。

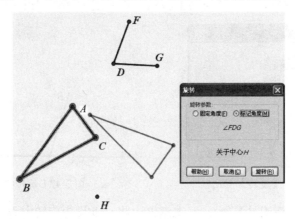

图 3-51　旋转△*ABC*

（9）执行【文件】|【保存】命令，并以"利用标记角度控制旋转三角形"为文件名保存。

专家点拨：在步骤（5）中若依次选中的是 *G*、*D*、*F*，则是将∠*GDF* 设为标记角，最后旋转的方向不同。

3.3.4　缩放对象

本小节主要介绍如何利用【变换】|【缩放】命令按固定比缩放对象和按标记比缩放对象。

视频讲解

知识要点：

- 按固定比缩放对象的方法。
- 按标记比缩放对象的方法。
- 【变换】|【缩放】菜单的使用方法。

例 3-21 利用固定比和标记比控制△*ABC* 的缩放。

（1）单击【多边形工具】⬠，在画板的适当位置绘制一个△*ABC*。

（2）单击【点工具】·，在画板的适当位置任意绘制一个点 *D*。

（3）单击【移动箭头工具】，双击点 *D*，将点 *D* 设为缩放中心。

（4）同时选中△*ABC* 的三条边和三个顶点，执行【变换】|【缩放】命令，打开【缩放】对话框，如图 3-52 所示，单击【缩放】按钮，得到新的△*A'B'C'*。

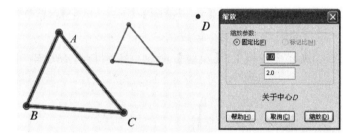

图 3-52　缩放△*ABC*

以上就完成了利用固定比控制△*ABC* 的缩放了。

（5）单击【直线工具】，在画板的适当位置绘制一条直线 *EF*。

（6）单击【点工具】·，在直线 *EF* 上任意绘制一个点 *G*。

（7）依次选中点 *E*、*G*、*F*，执行【变换】|【标记比】命令，将 *EF/EG* 设为标记比。

（8）同时选中△*ABC* 的三条边和三个顶点，执行【变换】|【缩放】命令，打开【缩放】对话框，如图 3-53 所示，单击【缩放】按钮，得到新的△*A'B'C'*。

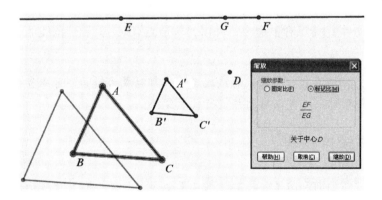

图 3-53　按标记比缩放△*ABC*

（9）执行【文件】|【保存】命令，并以"利用固定比和标记比控制△*ABC* 的缩放"为文件名保存。

👤专家点拨：在步骤（7）中若依次选中 E、F、G，则将 EG/EF 设为标记比。

3.3.5 反射对象

本小节主要介绍如何利用【变换】|【反射】命令对几何图形作轴对称变换，也就是作镜面反射。在应用这个命令之前必须先标记一个镜面。

知识要点：【变换】|【反射】菜单的使用方法。

例 3-22 构造△ABC 关于一条线的轴对称图形。

（1）单击【多边形工具】⬠，在画板的适当位置绘制一个△ABC。

（2）单击【直线工具】✐，在画板的适当位置绘制一条直线 DE。

（3）选中直线 DE，执行【变换】|【标记镜面】命令，标记直线 DE 为一个镜面，此时直线 DE 会有一个短暂的闪动，说明标记成功。

（4）选中△ABC，执行【变换】|【反射】命令，得到与△ABC 轴对称的新△$A'B'C'$，如图 3-54 所示。

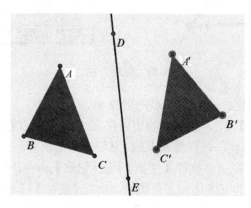

图 3-54　反射△ABC

（5）执行【文件】|【保存】命令，并以"构造△ABC 关于一条线的轴对称图形"为文件名保存。

👤专家点拨：任何直线、线段、射线或者箭头都能成为镜面，可以直接双击它们进行标记，除了几何图形外，也可以对图片进行反射变换。

3.3.6 迭代与深度迭代

本小节主要介绍如何利用【变换】|【迭代】命令以及【变换】|【深度迭代】命令对一个初始对象（可以是数值、几何图形等）按一定的规则反复映射。

知识要点：

- 【变换】|【迭代】菜单的使用方法。
- 【变换】|【深度迭代】菜单的使用方法。

例 3-23　构造一个正二十边形。

（1）单击【线段工具】 ，在画板的适当位置绘制一条线段 *AB*。

（2）单击【移动箭头工具】 ，双击点 *B*，将点 *B* 设为中心点。

（3）同时选中点 *A* 和线段 *AB*，执行【变换】|【旋转】命令，打开【旋转】对话框，旋转角度设为 162°，单击【旋转】按钮，得到线段 *BA′*，如图 3-55 所示。

（4）依次选中点 *A*、点 *B* 和点 *A′*，执行【变换】|【迭代】命令，打开【迭代】对话框，如图 3-56 所示。

图 3-55　旋转线段　　　　　　图 3-56　【迭代】对话框

（5）单击点 *B*，建立从点 *A* 到点 *B* 的映射；同理再次单击点 *A′*，建立从点 *B* 到点 *A′* 的映射，如图 3-57 所示。单击【显示】按钮，连续选择【增加迭代】命令，如图 3-58 所示。将迭代次数设为 18，单击【迭代】按钮，得到正二十边形。最终效果如图 3-59 所示。

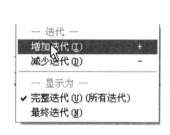

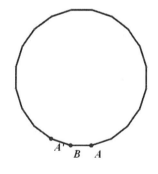

图 3-57　建立映射　　　　　图 3-58　增加迭代　　　　　图 3-59　正二十边形

（6）执行【文件】|【保存】命令，并以"构造一个正二十边形"为文件名保存。

专家点拨：可以直接连续按 Shift + "+" 快捷键增加迭代次数。

例 3-24　绘制斐波那契数列的图像。

斐波那契数列因数学家列昂纳多·斐波那契以兔子繁殖为例子而引入，故又称为"兔子数列"。一般而言，兔子在出生两个月后，就有繁殖能力，一对兔子每个月能生出一对小兔子来。如果所有兔子都不死，那么一年以后可以繁殖多少对兔子？实际上这是一个递推数列 $a_{n+1}=a_n+a_{n-1}$。

（1）执行【数据】|【新建参数】命令，新建三个参数 i、j 和 n。

（2）执行【数据】|【计算】命令，选中参数 j 和 i，计算 $j+i$ 的值。

（3）右击参数 n，选择【属性】命令，在弹出的对话框中选择【参数】选项卡，将【键盘调节（+/−）】改为"1.0"，如图 3-60 所示。单击【确定】按钮，关闭对话框。

（4）依次选中三个参数 i、j 和 n。按住 Shift 键，执行【变换】|【深度迭代】命令，单击参数 j，建立从参数 i 到参数 j 的映射；同理再次单击参数 $j+i$，建立从参数 j 到参数 $j+i$ 的映射，如图 3-61 所示。

图 3-60　【参数 n】属性对话框

图 3-61　建立映射

（5）选中参数 n，连续按 Shift+"+"快捷键 5 次，使迭代深度参数 n 的值为 6。此时迭代度量值列表就会新增 5 行，如图 3-62 所示。

（6）右击迭代度量值列表，在弹出的快捷菜单中选择【绘制表中数据】命令，在弹出的【绘制表中数据】对话框中单击【绘制】按钮，即可作出斐波那契数列的图像，如图 3-63 所示。

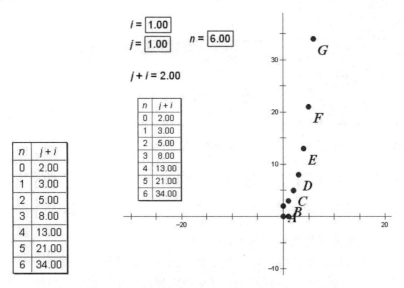

图 3-62　迭代度量值列表　　　　图 3-63　作出斐波那契数列的图像

（7）执行【文件】|【保存】命令，并以"绘制斐波那契数列的图像"为文件名保存。

专家点拨：选中参数 n，可以直接连续按 Shift+ "+" 快捷键增加迭代次数，连续按 Shift＋ "－" 快捷键减少迭代次数。

3.3.7　绘制分形图

视频讲解

本小节主要介绍如何利用【变换】|【迭代】命令绘制分形图。

知识要点：【变换】|【迭代】菜单的使用方法。

首先认识一下分形几何的特点。分形的特点是，整体与部分之间存在某种自相似性，整体具有多种层次结构。分形图片具有无可争议的美学感召力，特别是对于从事分形研究的科学家来说。欣赏分形之美当然也要求具有一定的科学文化知识，但相对而言，分形美是通俗易懂的。分形就在身边，人们身体中的血液循环管道系统、肺脏气管分岔过程、大脑皮层、消化道、小肠绒毛等都是分形，参天大树、连绵的山脉、奔涌的河水、飘浮的云朵等，也都是分形。人们对这些东西太熟悉了，当然熟悉不等于真正理解。分形的确贴近人们的生活，因而由分形而来的分形艺术也并不遥远，普通人也能体验分形之美。

例 3-25　绘制毕达哥拉斯树。

毕达哥拉斯发现的勾股定理（西方称为毕达哥拉斯定理）闻名于世，又由此导致不可通约量的发现。1988 年，劳威尔通过数值研究发现毕达哥拉斯树是一迭代函数系的 J 集。

（1）在画板的适当位置任取两点 A 和 B，按前述方法绘制一个正方形 $ABCD$。

（2）选中线段 CD，执行【构造】|【中点】命令，作出线段 CD 的中点 O，以 O 为圆心，CD 为直径作圆 O。在圆 O 上任取一点 E。

（3）依次选中点 C、E、D，执行【构造】|【过三点的弧】命令，构造半圆 CD；选中圆 O 和圆心点 O，执行【显示】|【隐藏对象】命令，把圆 O 和圆心点 O 隐藏，如图 3-64 所示。

（4）连接 CE、DE，把半圆 CD 也隐藏；选中正方形 $ABCD$，执行【度量】|【面积】命令，度量出 $ABCD$ 的面积。选择正方形和度量结果，执行【显示】|【颜色】|【参数】命令，在弹出的【颜色参数】对话框中单击【确定】按钮，则四边形的颜色会随它的面积变化而变化。

（5）新建参数 $n＝4$，选择 A、B 和 n，按住 Shift 键，执行【变换】|【深度迭代】命令，在弹出的【迭代】对话框中，单击【结构】按钮，在弹出的快捷菜单中选择【添加新的映射】命令，建立 (A,B) 到 (E,C)、(D,E) 的映射，如图 3-65 所示。

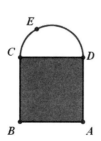

图 3-64　构造正方形和 CD 边上的弧　　　　图 3-65　建立映射

（6）单击【迭代】按钮，就可以绘制出毕达哥拉斯树，最终效果如图 3-66 所示。

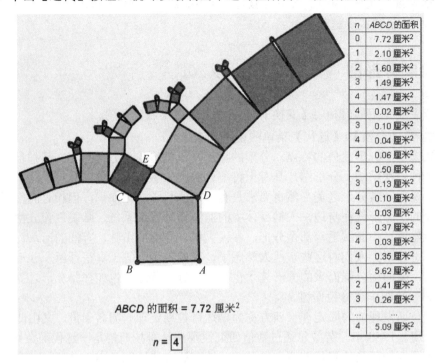

n	ABCD 的面积
0	7.72 厘米^2
1	2.10 厘米^2
2	1.60 厘米^2
3	1.49 厘米^2
4	1.47 厘米^2
4	0.02 厘米^2
3	0.10 厘米^2
4	0.04 厘米^2
4	0.06 厘米^2
2	0.50 厘米^2
3	0.13 厘米^2
4	0.10 厘米^2
4	0.03 厘米^2
3	0.37 厘米^2
4	0.03 厘米^2
4	0.35 厘米^2
1	5.62 厘米^2
2	0.41 厘米^2
3	0.26 厘米^2
...	...
4	5.09 厘米^2

ABCD 的面积 = 7.72 厘米^2

$n = \boxed{4}$

图 3-66　毕达哥拉斯树最终效果图

（7）执行【文件】|【保存】命令，并以"绘制毕达哥拉斯树"为文件名保存。

3.4　利用数据和绘图菜单绘制图形

利用几何画板的【数据】菜单和【绘图】菜单可以在画板上新建参数，建立函数的解析式及导函数的解析式，建立一个坐标系，在坐标系中可以绘制点、度量值、各种函数图像等。这样，几何画板就具备了解决解析几何问题的功能，在坐标系中能充分表现方程、函数、函数图像之间的关系。

3.4.1　用参数构造动态函数图像

视频讲解

本小节主要介绍参数的使用方法，使用参数可以进行计算，构造可控制的动态图形，建立动态的函数解析式，控制图形的变换，控制对象的颜色变化。

知识要点：

● 【数据】|【新建参数】菜单的使用方法。

● 【数据】|【计算】菜单的使用方法。

● 新建函数的方法。

先来了解一下【新建参数】菜单的使用方法。运行几何画板后，执行【数据】|【新建

参数】命令，弹出【新建参数】对话框，如图 3-67 所示。可以设置参数名称和参数的初始数值。

专家点拨：参数默认无单位，也可以建立带单位的参数，还可以通过【数据】|【计算】命令新建参数。

例 3-26 构造动态二次函数。

（1）执行【数据】|【新建参数】命令，新建三个参数 a、b、c。

（2）依次选中三个参数 a、b、c，执行【数据】|【新建函数】命令，弹出【新建函数】对话框，如图 3-68 所示。

图 3-67 【新建参数】对话框

图 3-68 【新建函数】对话框 1

（3）单击【新建函数】对话框中的【数值】按钮，在弹出的菜单选项中选择参数 a，依次单击计算器上的"$*$""x""$^$""2"，此时计算器中的文本框就会出现解析式 ax^2，按相同的方法输入解析式的剩余部分，最终效果如图 3-69 所示。

（4）单击【新建函数】对话框中的【确定】按钮，这时在几何画板的工作区中就会出现解析式 $f(x)=ax^2+bx+c$。选中解析式 $f(x)=ax^2+bx+c$，执行【绘图】|【绘制函数】命令，绘制二次函数的图像，最终效果如图 3-70 所示。

图 3-69 【新建函数】对话框 2

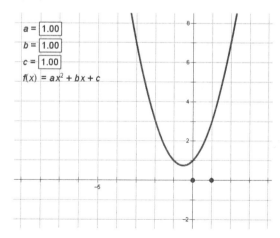

图 3-70 绘制二次函数图像

（5）执行【文件】|【保存】命令，并以"构造动态二次函数"为文件名保存。

专家点拨：改变参数 a、b、c 的数值，二次函数的图像也会随之改变。绘制二次函数图像时，也可以右击解析式，在弹出的菜单选项中选择【绘制函数】。

3.4.2　在坐标系中绘制函数图像

本小节主要介绍坐标系的使用方法，利用【绘图】菜单可以建立坐标系，可以利用【绘图】菜单中的【网格样式】命令选择坐标系的形式：极坐标系、方形坐标系、三角坐标系。下面先了解坐标系的有关知识。

1．建立、隐藏坐标系

【绘图】菜单中的第一个命令就是【定义坐标系】。利用它可以建立或定义一个坐标系，包括坐标原点、单位长度、坐标轴等。一旦建立或定义好一个坐标系，这个命令项就变成了灰色的不可用状态。如果想隐藏坐标系，需按住 Shift 键，单击【绘图】菜单，才可显示出【隐藏坐标系】命令。

另外，在建立或定义坐标系之前，是否选择了其他几何对象、选择了什么几何对象，也会影响【绘图】菜单中的第一个命令项的功能。下面分别讨论。

1）建立坐标轴

如果在建立坐标系之前没有选择任何对象，则【绘图】菜单的第一个命令项显示为【定义坐标系】；用鼠标单击它，在画板上就出现一个坐标系：坐标原点在画板窗口的中心，单位长度为默认的长度。

2）定义单位圆

如果在建立坐标系之前只选择了一个圆，则【绘图】菜单的第一个命令项显示为【定义单位圆】；用鼠标单击它，在画板上就出现一个坐标系：坐标原点在圆心，单位长度等于圆的半径，改变圆的半径，可改变坐标系的单位长度。

3）定义单位长度

如果在建立坐标系之前只选择了一条线段或一个度量距离值，则【绘图】菜单的第一个命令项显示为【定义单位长度】；用鼠标单击它，在画板上就出现一个坐标系：坐标原点在画板窗口的中心，单位长度等于选择的线段的长度或选择的度量距离值，拖动线段的端点可改变坐标系中的单位长度。

4）定义坐标原点

如果在建立坐标系之前只选择了一个点，则【绘图】菜单的第一个命令项显示为【定义坐标原点】；用鼠标单击它，在画板上就出现一个坐标系：以选择的点为坐标原点，默认的单位长度。

5）定义坐标轴

如果在建立坐标系之前选择了一个点和一条线段或一个度量距离值，则【绘图】菜单的第一个命令项显示【定义单位距离】；用鼠标单击它，在画板上就出现一个坐标系：以选择的点为坐标原点，单位长度等于选择的线段的长度或选择的度量距离值，拖动线段的端点，可改变坐标系的单位长度。

2．坐标网格

在几何画板的坐标系中如果想精确地定位并对齐对象，可以使用【网格】功能。【绘图】菜单中有相应的命令项。

1）隐藏/显示坐标网格

【绘图】菜单中的第四个命令项是【显示网格】，它是一个开关，利用它可以控制网格的显示或隐藏。

2）自动吸附网格

【绘图】菜单中的第六个命令项是【自动吸附网格】，它是一个开关，单击它可以控制【自动吸附网格】功能的开或关。当【自动吸附网格】功能处于开的状态时，这个命令项的前面就会有一个对号。这时，如果在坐标系中移动或绘制几何对象，几何对象上的点就会被离它最近的网格点吸附。当【自动吸附网格】功能处于关的状态时，在坐标系中移动或绘制几何对象，则不受网格点的控制，这时网格点可以作为参照物。

知识要点：

- 【绘图】|【定义坐标系】菜单的使用方法。
- 【绘图】|【绘制点】菜单的使用方法。
- 【绘图】|【绘制新函数】菜单的使用方法。

例 3-27　利用绘制点的方法绘制函数 $y=x^3$ 的图像。

（1）执行【绘图】|【定义坐标系】命令，新建坐标系，并将原点坐标的标签设为 O。

（2）选中坐标系的 x 轴，执行【构造】|【轴上的点】命令，构造点 B。

（3）选中点 B，执行【度量】|【横坐标】命令，度量出点 B 的横坐标 x_B。

（4）选中点 B 的横坐标 x_B，执行【数据】|【计算】命令，在弹出的【新建计算】对话框中计算出 $x_B{}^3$ 的值。

（5）依次选中点 B 的横坐标 x_B 的度量值和计算值 $x_B{}^3$，执行【绘图】|【绘制点 (x,y)】命令，绘制点 $C(x_B,x_B{}^3)$，如图 3-71 所示。

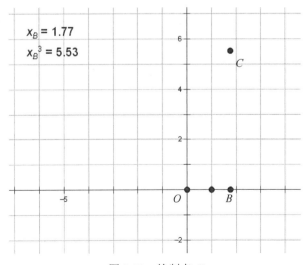

图 3-71　绘制点 C

（6）依次选中点 *C* 和点 *B*（次序一定不能错），执行【构造】|【轨迹】命令，就可以绘制函数 $y=x^3$ 的图像了，执行【绘图】|【隐藏网格】命令，将坐标系中的网格隐藏，最终效果如图 3-72 所示。

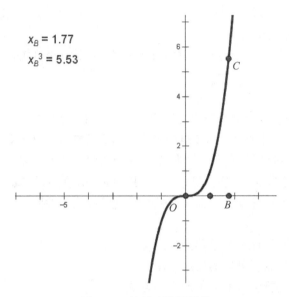

图 3-72　绘制函数的图像

（7）执行【文件】|【保存】命令，并以"利用绘制点的方法绘制函数 $y=x^3$ 的图像"为文件名保存。

专家点拨：本例方法也称"描点法"，可适用于绘制任何一个函数的图像。当然用例 3-26 的方法来绘制函数的图像会更快、更简单。

3.4.3　用表格中的数据绘制函数图像

本小节主要介绍如何利用表格中的数据绘制函数图像。

知识要点：【数据】|【制表】菜单的使用方法。

例 3-28　绘制三角形内接矩形面积变化的图像。

（1）执行【绘图】|【定义坐标系】命令，新建坐标系，并将原点坐标的标签设为 *O*。

（2）执行【绘图】|【隐藏网格】命令，将坐标系中的网格隐藏。

（3）单击【点工具】　，在第一象限内任意绘制一点 *B*，在 *x* 轴的正半轴上任意绘制一点 *C*。

（4）同时选中点 *O*、*B*、*C*，选择【构造】|【线段】命令，构造△*OBC*。

（5）选中线段 *OC*，执行【构造】|【线段上的点】命令，构造线段 *OC* 上的点 *D*，如图 3-73 所示。

（6）选中点 *D* 和线段 *OC*，选择【构造】|【垂线】命令，构造线段 *OC* 的垂线 *j*。

（7）同时选中线段 *OB* 和直线 *j*，选择【构造】|【交点】命令，构造交点 *E*。

（8）过点 *E* 构造线段 *OC* 的平行线 *k*，并构造直线 *k* 与线段 *BC* 的交点 *F*，如图 3-74 所示。

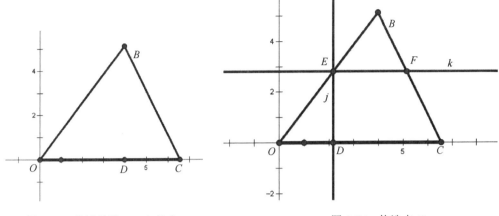

图 3-73 构造线段 *OC* 上的点 *D*　　　　　　　图 3-74 构造点 *F*

（9）过点 *F* 构造线段 *OC* 的垂线 *l*，并构造直线 *l* 与线段 *OC* 的交点 *G*。

（10）隐藏直线 *j*、*k*、*l*，并构造矩形 *DEFG*。

（11）依次选中点 *D*、*E*、*F*、*G*，执行【构造】|【四边形内部】命令，构造四边形 *DEFG* 的内部。

（12）执行【度量】|【面积】命令，度量四边形 *DEFG* 的面积。

（13）依次选中点 *O* 和点 *D*，执行【度量】|【距离】命令，度量点 *O* 和点 *D* 的距离 *OD*。

（14）依次选中度量值 *OD* 和四边形的面积度量值，执行【数据】|【制表】命令，作出表格。

（15）双击表格，增加一行，拖动点 *D* 挪动一个位置；再双击表格，再拖动点 *D* 挪动一个位置；如此进行下去，得到一个含有多个数据的表格，如图 3-75 所示。

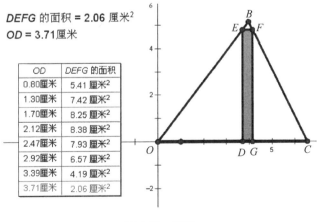

图 3-75 制表

（16）选中表格，执行【绘图】|【绘制表中记录】命令，打开【绘制表中数据】对话

框，单击【绘制】按钮，绘制由表格数据确定的点，如图 3-76 所示。

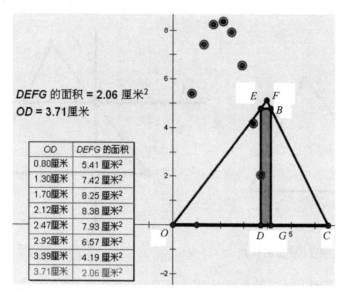

图 3-76　绘制表格数据图像

（17）执行【文件】|【保存】命令，并以"绘制三角形内接矩形面积变化的图像"为文件名保存。

　　专家点拨：可以依次选中 *OD* 和矩形的面积度量值，执行【绘图】|【绘制 (*x*, *y*)】命令，绘制一点，然后同时选中该点和点 *D*，执行【构造】|【轨迹】命令，构造函数图像。

3.5　本章习题

一、选择题

1．用几何画板画垂线之前必须（　　）。

　　A．选择两条直线　　　　　　　　B．选择已知直线和一点

　　C．选择两点　　　　　　　　　　D．选择一条直线

2．在几何画板中，进行旋转变换时先标记（　　）。

　　A．中心　　　　B．镜面　　　　C．参数　　　　D．角度

3．几何画板中是"变换"菜单中的选项的是（　　）。

　　A．标记镜面　　B．平行线　　　C．距离　　　　D．显示网格

4．几何画板中，已知线段 *AB*，标记 *A* 点为中心，*B* 点绕 *A* 点旋转（　　）形成的点 *C*，使得三角形 *ABC* 为等边三角形。

　　A．60°或 120°　　B．60°或 –60°　　C．120°或 300°　　D．–60°或 300°

二、填空题

1. 在几何画板中，绘制数学函数在_____菜单中。

2. 在几何画板中，作角平分线时依次选中的三点中，角的顶点必须在_____。

3. 在几何画板中，进行反射变换时先标记_____。

4. 在几何画板中，利用【变换】|【平移】命令平移对象时，有_____两种方法。

3.6　上机练习

练习 1　绘制三角形内切圆并构造圆内部

本练习是利用【构造】菜单绘制图形，效果如图 3-77 所示。在绘制图形的过程中，涉及本章学习的【构造】菜单中构造角平分线、垂线和构造圆内部的使用方法等知识。

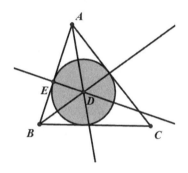

图 3-77　绘制三角形内切圆

主要制作步骤提示：

（1）新建一个几何画板文件。

（2）利用工具箱中的多边形工具绘制三角形。

（3）利用构造菜单中的构造角平分线构造出角 A 和角 B 的平分线，并取它们的交点 D。

（4）利用构造菜单中的构造垂线的方法构造 AB 的垂线并与 AB 交于点 E。

（5）依次选中点 D 和点 E，利用构造菜单中的构造圆命令构造出内切圆及其内部。

练习 2　绘制一个正六边形并按 1:3 的比例进行缩放

本练习是利用【变换】菜单绘制图形，效果如图 3-78 所示。在绘制图形的过程中，涉及本章学习的【变换】菜单中旋转、平移和缩放的使用方法等知识。

主要制作步骤提示：

（1）新建一个几何画板文件。

（2）利用工具箱中的线段工具绘制一条线段 AB。

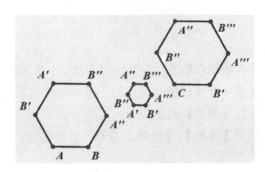

图 3-78　绘制正六边形并按比例缩放

（3）双击点 A，将点 B 按中心点 A 旋转 $120°$ 得到 B'，按相同的方法得到其他点，最终形成正六边形。

（4）取一点 C，标记向量 AC，全选正六边形按向量平移，双击点 C，按 1:3 缩放正六边形。

练习 3　利用迭代方法构造三角形内接中点三角形图形

本练习是利用【变换】菜单绘制图形，效果如图 3-79 所示。在绘制图形的过程中，涉及本章学习的【变换】菜单中【迭代】命令的使用方法。

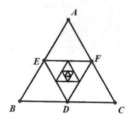

图 3-79　效果图

主要制作步骤提示：

（1）新建一个几何画板文件。

（2）利用工具箱中的多边形工具绘制一个 $\triangle ABC$。

（3）选中三角形的三条边，利用【构造】菜单构造它们的中点。

（4）依次选中点 A、点 B 和点 C，利用【构造】菜单中的【迭代】命令构造图形。

制作度量数据类课件

在前面的章节中，全面学习了几何画板制作课件的一些基础知识。从本章开始将通过制作各种类型的几何画板课件，从课件的作用、使用到的技术、使用目的、要达到的演示效果与课堂效果方面更深入地学习有关课件制作方面的知识和技巧。本章安排了10个度量数据类课件实例。

本章知识要点：

- 【度量】菜单的综合应用。
- 【数据】菜单的综合应用。

4.1 验证勾股定理

勾股定理作为直角三角形的一个性质，更能体现几何图形与数量关系之间的密切结合。

视频讲解

4.1.1 课件简介

制作本课件的目的是验证勾股定理，通过当场展示，让学生体会到动手实践在解决数学问题中的重要性，同时也让学生体会到用面积来验证公式的直观性、普遍性，从而形成一种等积代换的思想，为以后的学习奠定基础。课件效果如图 4-1 所示，拖动点 *A*、*B*、*C*，可改变直角三角形的形状和大小，从而验证各种情况下的勾股定理。

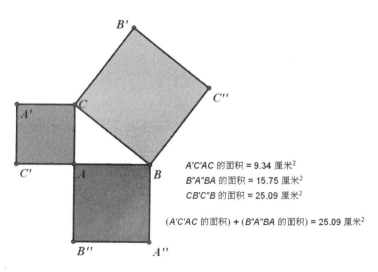

图 4-1　验证勾股定理

4.1.2 知识要点

- 【数据】菜单的综合使用方法。
- 工具箱的使用方法。

4.1.3 制作步骤

（1）单击【线段工具】 ，在画板的适当位置任意绘制一条线段 AB。

（2）同时选中线段 AB 和点 A，执行【构造】|【垂线】命令，绘制垂直于 AB 的直线 AC。

（3）单击【线段工具】 ，构造线段 BC、AC，执行【显示】|【隐藏垂线】命令，把直线 AC 隐藏，如图 4-2 所示。

（4）双击点 A，标记点 A 为中心点，选中点 C，执行【变换】|【旋转】命令，在弹出的对话框中将角度设为 90°，单击【确定】按钮，得到点 C′，同样以点 C 为中心点，把点 A 旋转 −90° 得到点 A′。使用【构造】|【线段】命令，构造线段 AC′、A′C′、A′C，如图 4-3 所示。

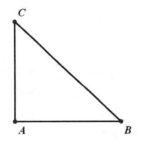

图 4-2 构造直角三角形 ABC   图 4-3 绘制正方形

（5）参照上面的方法，分别绘制正方形 BC″B′C 和正方形 ABA″B″。

（6）依次选中点 A、C′、A′、C，执行【构造】|【四边形内部】命令，构造正方形 AC′A′C 的内部。

（7）参照上面的方法，分别构造正方形 BC″B′C 和正方形 ABA″B″的内部，并设置不同的颜色，如图 4-4 所示。

（8）同时选中三个正方形的内部，执行【度量】|【面积】命令，度量三个正方形的面积。

（9）执行【数据】|【计算】命令，在弹出的【新建计算】对话框中，计算正方形 AC′A′C 和正方形 ABA″B″的面积之和，如图 4-5 所示。单击【确定】按钮，关闭对话框，最终效果如图 4-1 所示。

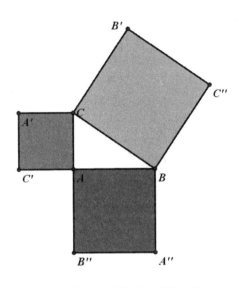

图 4-4　构造正方形的内部

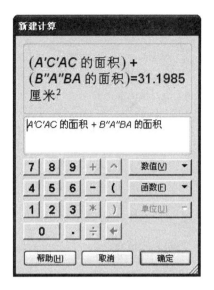

图 4-5　计算正方形的面积之和

（10）执行【文件】|【保存】命令，并以"验证勾股定理"为文件名保存。

🐛专家点拨：本实例严格来说不能算是一个课件，只能称为一个积件，其特点是灵活易用，能充分发挥师生的创造性。积件形式也是未来多媒体课件发展的一种趋势。

4.2　验证余弦定理

视频讲解

余弦定理：对于任意三角形，任何一边的平方等于其他两边平方的和减去这两边与它们夹角的余弦的两倍积。

4.2.1　课件简介

余弦定理是中学数学中一个比较常用的公式，教师在讲解时，是利用几个特殊的三角形推导出来的，缺乏一般性。下面利用几何画板为学生验证余弦定理的一般性。课件效果如图 4-6 所示，拖动点 F、B、G、D 可改变三角形的形状，验证余弦定理对任意的三角形均成立。本课件制作方法比较简单，适合教师在课堂中给学生演示图像，也适合学生自己动手研究问题。

4.2.2　知识要点

- 【操作类按钮】的使用方法。
- 【数据】菜单的综合应用。

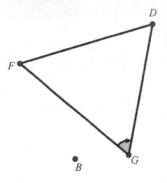

图 4-6　课件效果

其中度量数据为：

$DF = 6.19$ 厘米

$FG = 6.28$ 厘米

$GD = 5.77$ 厘米

$\angle FGD = 61.65°$

$DF^2 = 38.34$ 厘米^2

$FG^2 + GD^2 - 2 \cdot FG \cdot GD \cdot \cos(\angle FGD) = 38.34$ 厘米^2

4.2.3　制作步骤

（1）单击【圆工具】⊙，在适当位置绘制一个圆 A。

（2）单击【多边形工具】⬠，在圆上绘制一个△DFG。

（3）单击【射线工具】╱，绘制过点 F 和圆心 A 的射线 j。利用【点工具】·绘制圆 A 和射线 j 的交点 J，如图 4-7 所示。

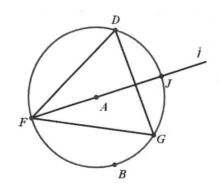

图 4-7　绘制圆内接三角形

（4）依次选中点 D 和点 J，执行【编辑】|【操作类按钮】|【移动】命令，在弹出的【操作类按钮】对话框中打开【标签】选项卡，将按钮标签改为"直角三角形"，单击【确定】按钮，关闭对话框。

（5）依次选中点 J、圆 A 射线 j，执行【显示】|【隐藏对象】命令，把圆和射线隐藏起来。

（6）依次选中线段 DF、FG 和 GD，执行【度量】|【长度】命令，度量三条线段的长度，并按三角形的字母修改好标签，单击【标记工具】╱，标记∠FGD，选中标记∠FGD，执行【度量】|【角度】命令，度量标记∠FGD 的大小。

（7）执行【数据】|【计算】命令，打开【新建计算】对话框，依次单击 GD→"^"→"2"→"+"→FG→"^"→"2"→"−"→"2"→"*"→GD→"*"→FG→"*"→cos→∠FGD，如图 4-8 所示，单击【确定】按钮，关闭对话框，计算 $GD^2+FG^2-2GD \cdot FG \cdot$

cos($\angle FGD$)。同样地计算 DF^2。

（8）执行【文件】|【保存】命令，并以"验证余弦定理"为文件名保存。

图 4-8 【新建计算】对话框

4.3 分苹果实验

视频讲解

分苹果实验是给小朋友学习和娱乐的课件。

4.3.1 课件简介

本实验的课件效果如图 4-9 所示，通过此课件使小朋友了解减法的基本概念。拖动左盘中的苹果到右盘中，此时单击【结果】按钮，就会显示左盘还剩几个苹果和右盘有几个苹果，并出现一个减法式子。

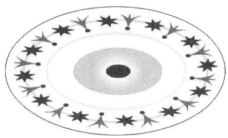

图 4-9 分苹果实验

4.3.2 知识要点

- 【度量】菜单的综合应用。
- 【数据】菜单的综合应用。

4.3.3 制作步骤

（1）用 Fireworks 等绘图软件绘制一个苹果和一个盘子的图片。

（2）单击【点工具】 · ，在画板的适当位置任意画 7 个点，分别为 A、B、C、D、E、F、G。

（3）用 Fireworks 等绘图软件打开所绘制的苹果和盘子图片，复制图形到画板中，分别粘贴到 7 个点上。其中 F、G 粘贴盘子，如图 4-10 所示。

图 4-10　导入苹果和盘子图

（4）计算出 FA、FB、FC、FD、FE 的距离。

（5）执行【数据】|【计算】命令，打开【新建计算】对话框，依次单击"（"→"函数"→sgn→FA→"－"→"7"→"＋"→"1"→"）"→"÷"→"2"，如图 4-11 所示，单击【确定】按钮，关闭对话框，计算出 A 苹果的 $(\mathrm{sgn}(FA-7)+1)/2$ 的值。

图 4-11　【新建计算】对话框

（6）按第（5）步的方法计算另外 4 个苹果的值，单击【文本工具】，把标签改为 A、B、C、D、E。

（7）执行【数据】|【计算】命令，打开【新建计算】对话框，计算 $A+B+C+D+E$ 的值和 $5-(A+B+C+D+E)$ 的值。

（8）单击【文本工具】，新建三个文本，其中两个文本的值分别链接到第（7）步的两个值，在第三个文本中输入"5-="，如图 4-12 所示。

$$A + B + C + D + E = 0.00 \qquad 5-(A + B + C + D + E) = 5.00 \qquad 5-0.00 = 50.0$$

图 4-12 新建三个文本

（9）选中第（8）步的三个文本，执行【编辑】|【操作类按钮】|【隐藏/显示】命令，新建一个按钮，单击【文本工具】，把按钮的标签改为"结果"，如图 4-13 所示。

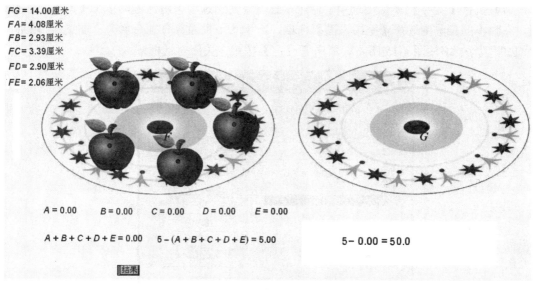

图 4-13 新建"结果"按钮

（10）选中盘子图，右击，在弹出的快捷菜单中选择【属性】选项，在弹出的图片属性菜单中取消选中【可以被选中】复选框，使盘子图片不能被选中。

（11）把数据和点隐藏起来，就完成了整个课件的制作，最终效果如图 4-9 所示。

（12）执行【文件】|【保存】命令，并以"分苹果实验"为文件名保存。

4.4 10 以内的四则运算

10 以内的四则运算课件是给小朋友学习和娱乐的课件。

视频讲解

4.4.1 课件简介

课件效果如图 4-14 所示，通过此课件使小朋友了解加、减、乘、除法的基本概念。

10以内的加法

7.00+ 6.00= 13.00

出题　结果

图 4-14　10 以内的加法

4.4.2 知识要点

● 新增页面的方法。
● 几何画板内置函数的使用方法。

4.4.3 制作步骤

（1）执行【文件】|【文档选项】命令，打开【文档选项】对话框，单击【增加页】按钮，在弹出的菜单中选择【空白页面】选项，新增 4 个页面，分别命名为"加法""减法""乘法""除法"，如图 4-15 所示。单击【确定】按钮，关闭对话框。

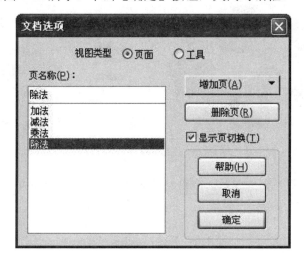

图 4-15　新建 4 个页面

（2）在画板左下方出现了 4 个页面导航按钮，单击【加法】导航按钮，转到【加法】页面。

（3）执行【数据】|【新建参数】命令，新建两个参数，把标签改为 a、b。执行【数据】|【计算】命令，打开【新建计算】对话框，利用取整函数 round() 对两个参数进行取整。

（4）执行【数据】|【计算】命令，打开【新建计算】对话框，计算 round(a)+round(b) 的值。

（5）选中参数 a，执行【编辑】|【操作类按钮】|【动画】命令，打开【动画参数】对话框，在【方向】选项中选择【随机】选项，选中【只播放一次】复选框，把范围改成 1.0 到 9.0，如图 4-16 所示，单击【确定】按钮，关闭对话框。

图 4-16　设置动画参数

（6）按照第（5）步的方法，设置参数 b。同时选中 a、b 两个动画参数按钮，执行【编辑】|【操作类按钮】|【系列】命令，单击【确定】按钮，关闭对话框。此时画板会新建一个"系列两个动作"按钮。

（7）单击【文本工具】**A**，新建三个文本，其中文本的值分别链接到 $\text{round}(a)$、$\text{round}(b)$ 和 $\text{round}(a)+\text{round}(b)$，如图 4-17 所示，创建一个加法等式。

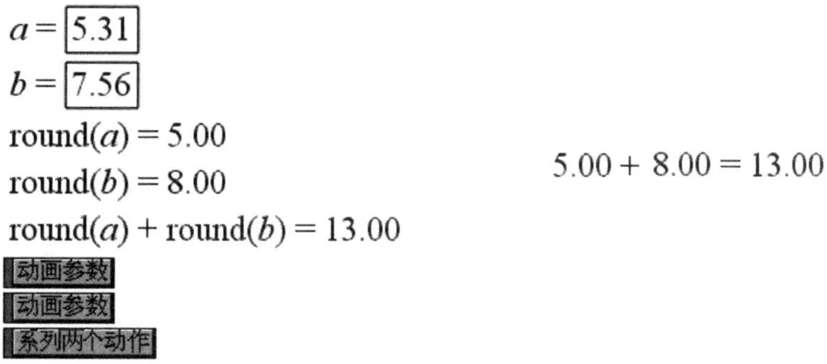

$a = \boxed{5.31}$

$b = \boxed{7.56}$

$\text{round}(a) = 5.00$

$\text{round}(b) = 8.00$　　　　　　　　$5.00 + 8.00 = 13.00$

$\text{round}(a) + \text{round}(b) = 13.00$

动画参数

动画参数

系列两个动作

图 4-17　创建一个加法等式

（8）选中加法等式中的计算结果文本，执行【编辑】|【操作类按钮】|【隐藏/显示】命令，新建一个"隐藏文本"按钮。右击"隐藏文本"按钮，在弹出的快捷菜单中选择【属性】命令，在弹出的对话框中打开【隐藏/显示】选项卡，选择【总是隐藏对象】选项，单击【确定】按钮，关闭对话框。

（9）按照第（8）步的方法，新建一个【显示文本】按钮。这时要在【隐藏/显示】选项卡中选择【总是显示对象】选项，把按钮标签改为"结果"。

（10）选中【系列两个动作】按钮和【隐藏文本】按钮，执行【编辑】|【操作类按钮】|【系列】命令，单击【确定】按钮，关闭对话框。此时画板会新建一个"系列"按钮。把按钮标签改为"出题"。

（11）隐藏不必要的对象，只保留"出题""结果"和"加法等式"即可，并调整各对象的位置。最终效果如图 4-14 所示。

（12）把加法运算中 round(*a*)+round(*b*) 的加号改成减号、乘号和除号，制作另外三种运算。

（13）执行【文件】|【保存】命令，并以"10 以内的四则运算"为文件名保存。

🔲 专家点拨: 在计算器的函数功能中设置了若干常用的函数，可以在计算时使用，其中有正弦函数 sin*x*、余弦函数 cos*x*、正切函数 tan*x*、反正弦函数 arcsin*x*、反余弦函数 arccos*x*、反正切函数 arctan*x*、绝对值函数 abs(*x*)、平方根函数 sqrt(*x*)、自然对数函数 ln*x*、以 10 为底的对数函数 lg*x*、截尾函数 trunc(*x*)、取整函数 round(*x*)和符号函数 sig(*x*)。

视频讲解

4.5 圆幂定理

圆幂定理：过任意不在圆上的一点 *P* 引两条直线 *a*、*b*，*a* 与圆交于 *A*、*B*（可重合，即切线），*b* 与圆交于 *C*、*D*（可重合），则有 *PA*·*PB*=*PC*·*PD*。

4.5.1 课件简介

从点 *P* 引两条直线与圆相交，单击【割线】按钮，课件的运行效果如图 4-18 所示。图 4-18 的表格中测算出点 *P* 到每条割线与圆的交点的两条线段长的积。在圆外拖动点 *P*，表格中 *PA*·*PB* 的值始终等于 *PC*·*PD* 的值，直观地验证了割线定理。

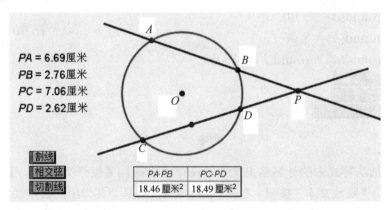

图 4-18　圆幂定理

4.5.2 知识要点

- 【数据】菜单的综合应用。
- 【变换】菜单的综合应用。

4.5.3 制作步骤

（1）单击【圆工具】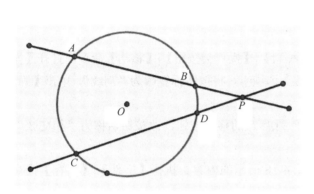，绘制⊙O。

（2）单击【线段工具】，绘制相交于点 P 的两条线段。两条线段和⊙O 分别交于点 A、点 B 和点 C、点 D，如图 4-19 所示。

（3）选中点 P 和点 A，执行【度量】|【距离】命令，工作区中显示 PA 的长度值。拖动点 P，PA 的值随着改变。按同样的方法分别度量 PB、PC、PD 的长度值。

（4）执行【数据】|【计算】命令，弹出【新建计算】对话框。依次单击 PA、"*"、PB，如图 4-20 所示，单击【确定】按钮，关闭对话框，计算出 PA · PB 的值。

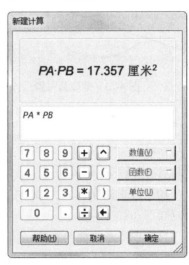

图 4-19 用工具构造的图形

图 4-20 计算 PA · PB

（5）参照第（4）步的方法，计算 PC · PD 的值。依次选中 PA · PB 和 PC · PD，执行【数据】|【制表】命令，得到表格，如图 4-21 所示。保留表格，隐藏 PA · PB 和 PC · PD。

（6）在⊙O 上构造点 M，双击点 O，将点 O 设为标记中心，选中点 M，执行【变换】|【缩放】命令，打开【缩放】对话框，进行如图 4-22 所示的设置，单击【缩放】按钮，得到点 M'。

$PA \cdot PB$ = 16.77 厘米²

$PC \cdot PD$ = 16.77 厘米²

PA·PB	PC·PD
16.77 厘米²	16.77 厘米²

图 4-21 制作表格

图 4-22 【缩放】对话框

（7）选中点 *M*，选择【变换】|【缩放】命令，在图 4-22 所示的对话框中把 3 改为 1.0，单击【缩放】按钮，得到点 *M″*，这时效果如图 4-23 所示。

（8）过点 *O* 作线段 *CD* 的垂线，*OE* 与⊙*O* 交于点 *E*；过点 *E* 作线段 *CD* 的平行线 *EF* 与 *AB* 交于点 *F*，如图 4-24 所示。

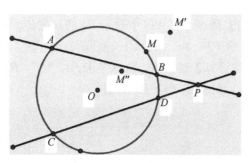

图 4-23　缩放后得到点 *M′*和点 *M″*

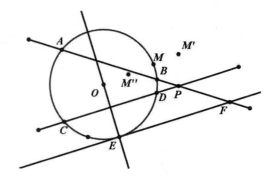

图 4-24　构造移动的目标点

（9）依次选中点 *P* 和点 *M′*，执行【编辑】|【操作类按钮】|【移动】命令，打开【操作类按钮移动 P→M′】对话框，打开【标签】选项卡，将按钮标签改为"割线"，单击【确定】按钮，作出【割线】按钮。

（10）分别制作点 *P* 到点 *M″* 和点 *P* 到点 *F* 的移动按钮，改按钮名称为"相交弦"和"切割线"。

（11）隐藏不必要的对象，保留如图 4-18 所示的内容。执行【文件】|【保存】命令，并以"圆幂定理"为文件名保存。

4.6　验证海伦公式

视频讲解

　　海伦（Heron）公式亦称"海伦-秦九韶公式"。此公式相传是亚历山大港的希罗发现的，其作用是利用三角形的三条边长来求取三角形的面积。

　　海伦公式：在△*ABC* 中，边 *BC*、*CA*、*AB* 的长分别为 *a*、*b*、*c*，若 $p=\dfrac{1}{2}(a+b+c)$，则△*ABC* 的面积 $S=\sqrt{p(p-a)(p-b)(p-c)}$。

4.6.1　课件简介

　　制作本课件的目的是验证三角形的面积公式。课件效果如图 4-25 所示，拖动三角形的顶点可以改变三角形的形状，从而改变三条边的长度，可以发现用两个公式计算出来的三角形面积是相等的。

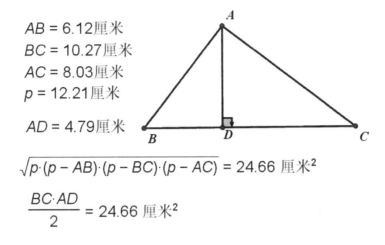

$AB = 6.12$厘米

$BC = 10.27$厘米

$AC = 8.03$厘米

$p = 12.21$厘米

$AD = 4.79$厘米

$$\sqrt{p \cdot (p - AB) \cdot (p - BC) \cdot (p - AC)} = 24.66 \text{ 厘米}^2$$

$$\frac{BC \cdot AD}{2} = 24.66 \text{ 厘米}^2$$

图 4-25　课件效果

4.6.2　知识要点

- 菜单的综合使用方法。
- 【度量】的综合使用方法。

4.6.3　制作步骤

（1）单击【多边形工具】，在适当位置绘制一个三角形。

（2）依次选中点 A 和线段 BC，执行【构造】|【垂线】命令，构造线段 BC 的垂线 AD 与 BC 交于 D 点。

（3）单击【线段工具】，绘制线段 AD，如图 4-26 所示。

（4）单击【标记工具】，标记角度 $\angle ADC$，选中线段 AB，执行【度量】|【长度】命令，度量线段 AB 的长度，并把标签修改为"AB"，按相同的方法，分别度量线段 BC 和线段 AC 的长度。

（5）执行【数据】|【计算】命令，弹出【新建计算】对话框，计算三角形周长的一半，即 $\frac{1}{2}(AB + BC + AC)$，如图 4-27 所示，单击【确定】按钮，关闭对话框，并把数值的标签改为"p"。

（6）执行【数据】|【计算】命令，弹出【新建计算】对话框，利用海伦公式计算 $\sqrt{p(p-a)(p-b)(p-c)}$ 的值，在对话框中输入的公式如图 4-28 所示。

（7）选中线段 AD，执行【度量】|【长度】命令，度量线段 AD 的长度，并把数值的标签改为"AD"。执行【数据】|【计算】命令，弹出【新建计算】对话框，利用一般的求三角形面积公式计算出面积，在对话框中输入如图 4-29 所示的公式。

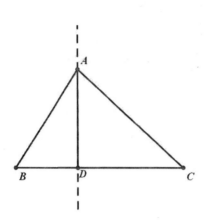

图 4-26　构造移动的目标点

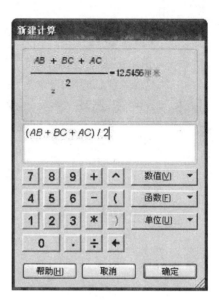

图 4-27　计算三角形的半周长

图 4-28　计算 $\sqrt{p(p-a)(p-b)(p-c)}$ 的值

图 4-29　计算三角形的面积

（8）隐藏不必要的对象，执行【文件】|【保存】命令，并以"验证海伦公式"为文件名保存。

4.7　中点四边形

视频讲解

　　本课件充分发挥几何画板操作简单、功能强大的特点，可由教师课上边操作边演示，也可以由学生自己动手实验，进行探究，发现结论。

4.7.1　课件简介

如图 4-30 所示，四边形 *EFGH* 是四边形 *ABCD* 的中点四边形。图 4-30 的表格中显示四边形 *EFGH* 各边的长度和各内角的度数。可以拖动两个四边形的任意顶点，改变图形的形状，表格中的度量值也随之改变。学生可以通过观察图形和表格中的数据探究中点四边形的形状。本课件通过【构造】菜单和【编辑】菜单的相关命令，把四边形 *ABCD* 演变成斜平行四边形、矩形、菱形和正方形等情况，进一步引导学生探究中点四边形的形状。

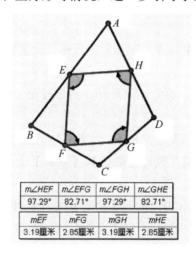

m∠HEF	m∠EFG	m∠FGH	m∠GHE
97.29°	82.71°	97.29°	82.71°

mEF	mFG	mGH	mHE
3.19厘米	2.85厘米	3.19厘米	2.85厘米

图 4-30　课件效果图

4.7.2　知识要点

- 用工具箱中的工具进行绘图。
- 用构造菜单的命令进行绘图。
- 【分离/合并】命令的运用。
- 【度量】菜单的使用。

4.7.3　制作步骤

（1）单击【多边形工具】 🔲，绘制四边形 *ABCD*。

（2）选中四边形 *ABCD* 的四条边，执行【构造】|【中点】，得到四边形 *ABCD* 各边的中点 *E*、*F*、*G*、*H*。

（3）单击【多边形工具】 🔲，绘制四边形 *EFGH*，如图 4-31 所示。

（4）同时选中点 *E*、*F*，执行【度量】|【长度】命令，度量线段 *EF* 的长度值。

（5）参照上述方法，分别度量线段 *FG*、*GH* 和 *HE* 的长度。同时选中度量得到的四个长度值，如图 4-32 所示。

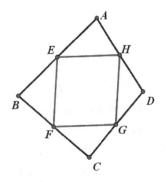

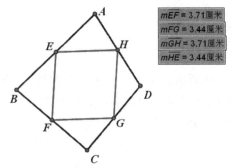

图 4-31　构造中点四边形　　　　　图 4-32　度量线段长

（6）执行【数据】|【制表】命令，制作数据表格，隐藏四条线段的长度值，如图 4-33 所示。

（7）单击【标记工具】 ✐，标记出∠HEF，选中标记∠HEF，执行【度量】|【角度】命令，得到∠HEF 的度数。

（8）参照上面的方法，分别度量∠EFG、∠FGH 和∠GHE。

（9）选中四个角度的度量值，执行【数据】|【制表】命令，制作数据表格，隐藏四个内角的角度值。

（10）同时选中点 A 和线段 CD，执行【构造】|【平行线】命令，构造平行线 a。

（11）同时选中点 C 和线段 AD，执行【构造】|【平行线】命令，构造平行线 b。构造直线 a 和 b 的交点 P。

（12）依次选中点 B 和点 P，选择【编辑】|【合并点】命令，将点 B 与点 P 合并，如图 4-34 所示。

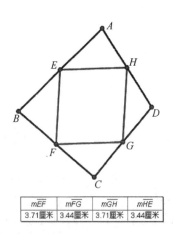

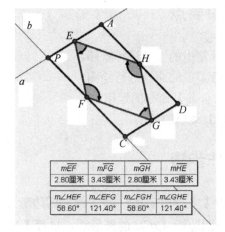

图 4-33　绘制数据表格　　　　　图 4-34　斜平行四边形的中点四边形

（13）同时选中点 D 和线段 AD，执行【构造】|【垂线】命令，构造垂线 c。

（14）同时选中点 C 和直线 c，执行【编辑】|【合并点到垂线】命令，将点 C 移动合并到直线 c，如图 4-35 所示。

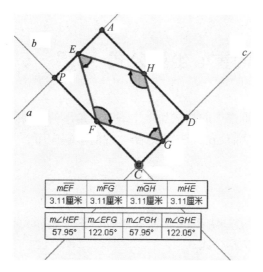

图 4-35　矩形的中点四边形

（15）选中点 C，执行【编辑】|【从垂线中分离点】命令，点 C 从直线 c 上分离，变成可自由移动的点。

（16）同时选中点 D 和线段 AD，执行【构造】|【以圆心和半径绘圆】命令，得到 ⊙D，和直线 c 交于点 N。

（17）依次选中点 C 和 ⊙D，执行【编辑】|【合并点到圆】命令，点 C 移动合并到 ⊙D 上，如图 4-36 所示。

（18）单击点 C，执行【编辑】|【从圆中分离点】命令，使点 C 从圆中分离变成自由的点。

（19）依次单击点 C 和点 N，执行【编辑】|【合并点】命令，将点 C 与点 N 合并，如图 4-37 所示。

（20）隐藏不必要的对象，执行【文件】|【保存】命令，并以 "中点四边形" 为文件名保存。

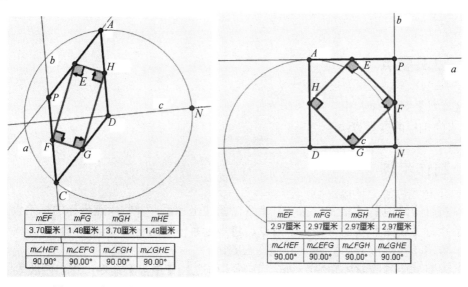

图 4-36　部分效果图　　　　　　　图 4-37　正方形的中点四边形

视频讲解

4.8　验证三角形的重心坐标公式

以前教师都是利用逻辑推理的方法为学生讲解三角形的重心坐标公式，利用几何画板可以轻松验证这个结论，从而加深学生对这个公式的理解应用。

4.8.1　课件简介

如图 4-38 所示，拖动点 A、B、C，改变△ABC 的形状和大小，通过观察各点坐标的变化，验证三角形的重心坐标公式。

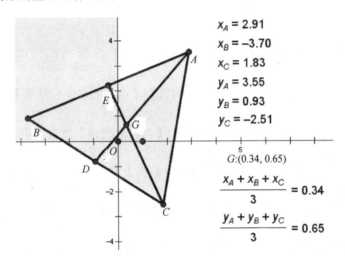

图 4-38　课件效果图

4.8.2　知识要点

- 【度量】菜单的使用。
- 点的坐标的度量方法。

4.8.3　制作步骤

（1）执行【绘图】|【定义坐标系】命令，新建坐标系，并将原点坐标的标签设为 O。
（2）执行【绘图】|【隐藏网格】命令，将坐标系中的网格隐藏。
（3）单击【多边形工具】⬠，绘制△ABC。
（4）同时选中线段 AB 和线段 BC，执行【构造】|【中点】命令，作出两线段的中点 D、E。

（5）同时选中点 *A* 和点 *D*，执行【构造】|【线段】命令，构造三角形的中线 *AD*。

（6）参照上面的方法，构造线段 *CE*。

（7）同时选中线段 *AD* 和线段 *CE*，执行【构造】|【交点】命令，构造△*ABC* 的重心 *G*，如图 4-39 所示。

（8）同时选中点 *A*、*B*、*C*，执行【度量】|【横坐标】命令，度量它们的横坐标。

（9）按相同的方法，度量点 *A*、*B*、*C* 的纵坐标和点 *G* 的坐标，完成后如图 4-40 所示。

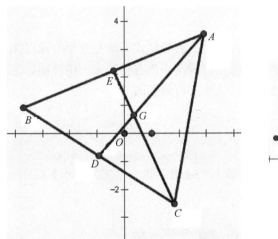

图 4-39　构造△*ABC* 的重心　　　　　　　图 4-40　度量坐标

（10）执行【数据】|【计算】命令，在弹出的【新建计算】对话框中输入如图 4-41 所示的公式，计算 $\dfrac{x_A + x_B + x_C}{3}$ 的值。

图 4-41　【新建计算】对话框

（11）按相同的方法计算 $\dfrac{y_A + y_B + y_C}{3}$ 的值，此时拖动三角形的三点可以改变三角形的形状，同时可以观察重心的坐标变化。

（12）执行【文件】|【保存】命令，并以"验证三角形的重心坐标公式"为文件名保存课件。

视频讲解

4.9　验证三角形内角和

三角形内角和是对三角形认识的一个重要内容，传统的教学模式一般是让学生通过撕纸（或折纸）的操作方式来建立这个概念，学生只能以有限次的静态感知来归纳概括。通过几何画板，学生就可以通过操作课件多次感知，以发现其内角和的规律。

4.9.1　课件简介

如图 4-42 所示，拖动点"拖动我改变形状"可改变三角形形状；单击【演示】按钮，可演示折角过程；单击【还原】按钮，可恢复原状。

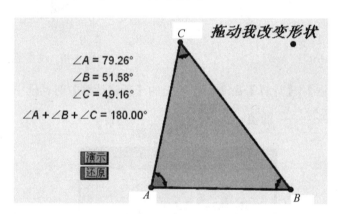

图 4-42　课件效果图

4.9.2　知识要点

- 构造垂线、平行线与弧线等方法。
- 度量角度的方法。
- 对象颜色的设置方法。

4.9.3　制作步骤

（1）执行【编辑】|【参数选项】命令，在弹出的【参数选项】对话框中把角度的单位

改为"方向度"。

（2）单击【线段工具】 ，绘制线段 *AB*。同时选中线段 *AB*、点 *A* 和点 *B*，执行【构造】|【垂线】命令，构造两条垂线。

（3）在其中的一条垂线上任取一点 *C*，同时选中点 *C* 和线段 *AB*，执行【构造】|【平行】命令，与另一条垂线交于点 *D*，构造线段 *AB* 和平行线 *CD*。

（4）单击【多边形工具】 ⬠，构造矩形 *ABCD*；隐藏垂线和平行线，在线段 *CD* 上任取一点 *E*，单击【多边形工具】 ⬠，绘制△*ABE*，完成后如图 4-43 所示。

（5）单击【标记工具】 ∠，标记∠*BAE*、∠*AEB* 和∠*EBA*，同时选中所标记角，执行【度量】|【角度】命令，得到三角形三个角的度数。注意不要把顺序标反，否则度量出来的角度会是负角。

（6）依次选中∠*BAE*、∠*AEB* 和∠*EBA* 的度量值，执行【显示】|【角度度量值的标签】命令，在【多个对象的标签】对话框中输入"∠*A*"，单击【确定】按钮，批量更改度量结果的标签，如图 4-44 所示。

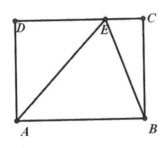

图 4-43　绘制矩形内三角形

图 4-44　设置标签

（7）把点 *E* 的标签改为 *C*，执行【数据】|【计算】命令，在弹出的【新建计算】对话框中输入如图 4-45 所示的公式，单击【确定】按钮，计算三个内角的和。

图 4-45　计算三个角的和

（8）选中线段 AC 与 BC，执行【构造】|【中点】命令，构造这两条线段的中点 G 与 H；选中点 G 与点 H，执行【构造】|【线段】命令，构造三角形中位线 GH。

（9）选中线段 GH、线段 GH 的两个端点以及点 C，执行【构造】|【垂线】命令，构造线段 GH 的三条垂线 j、k 与 l；分别单击垂线 j、k 和 l 与线段 AB 的交点，构造交点 J、K 和 L，如图 4-46 所示。

（10）依次选中点 G、A 与 K，执行【构造】|【圆上的弧】命令，构造弧 a_1。依次选中点 H、K 与 B，按照同样的方法，构造弧 a_2。选中点 C 与点 K，构造线段 CK。单击【点工具】 ·，在弧 a_1、a_2 以及线段 CK 上分别构造点 M、点 N 与点 O。

（11）隐藏三条垂线 j、k 与 l，选中点 G、M 与 J，单击【多边形工具】 ，构造 △GMJ；同理构造△HLN 与△GHO，如图 4-47 所示。

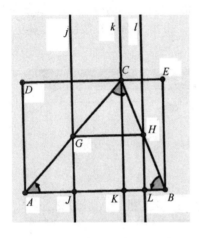

图 4-46　构造垂线及交点

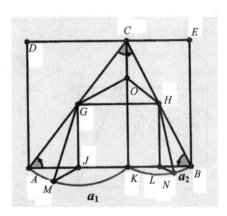

图 4-47　构造三角形

（12）依次选中点 M、K，执行【编辑】|【操作类按钮】|【移动】命令，构造从点 M 移动到点 K 的移动按钮；按相同的方法，构造从点 N 移动到点 K 的移动按钮和从点 O 移动到点 K 的移动按钮。

（13）按相同的方法构造三个反向移动按钮，完成后如图 4-48 所示。

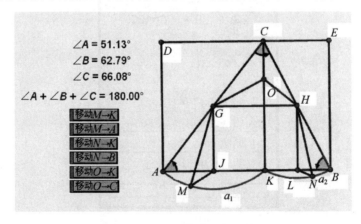

图 4-48　构造移动按钮

（14）选中【移动 $M{\rightarrow}K$】、【移动 $N{\rightarrow}K$】与【移动 $O{\rightarrow}K$】按钮，执行【编辑】|【操作类按钮】|【系列】命令，在【系列动作】选项中，选择"依序执行"，并在【标签】选项卡的文本框中输入"演示"，单击【确定】按钮，建立【演示】按钮，如图 4-49 所示。

图 4-49　【操作类按钮 系列 3 个动作】对话框

（15）按照相同的方法，把剩余的【移动 $M{\rightarrow}A$】、【移动 $N{\rightarrow}B$】与【移动 $O{\rightarrow}C$】三个按钮构造一个系列按钮，建立为【还原】按钮。

（16）选中点 G、H、J 和 L，执行【构造】|【四边形的内部】命令，构造四边形内部；选中点 G、M 与 J，构造△GMJ 内部；同理分别构造△HLN 和△GOH 内部。

（17）单击【标记工具】 ✐，标记出角，度量∠GMJ 的方向度。执行【数据】|【计算】命令，在计算器的函数中依次选择【函数】sqrt()和 sgn()，再选中∠GMJ 的方向度，在函数 sgn()括号外单击"＋3"，单击【确定】按钮，以此计算结果作为显示△GMJ 内部颜色的参数，如图 4-50 所示。

（18）同时选中 $\sqrt{\operatorname{sgn}(m\angle GMJ)+3}=1.414$ 与△GMJ 的内部，执行【显示】|【颜色】|【参数】命令，在【参数范围】文本框中输入从"1.0"到"2.0"，在【颜色范围】选项中选中"不要循环"，单击【确定】按钮，如图 4-51 所示。参照上面的方法，建立△HLN 和△GOH 内部颜色与对应度量数值之间的联系。

图 4-50　【新建计算】对话框

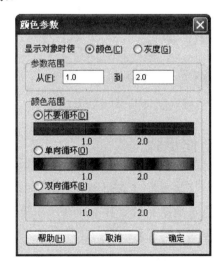

图 4-51　设置对象颜色

（19）执行【数据】|【新建参数】命令，新建一个值为 1.414 的参数 t，按照前面的方法建立矩形 $ABCD$ 与参数 t 之间的联系。

（20）把不必显示的对象隐藏起来，最终效果如图 4-42 所示，执行【文件】|【保存】命令，并以"验证三角形内角和"为文件名保存。

视频讲解

4.10 立体扇形统计图

在常规教学中，学生在学习扇形统计图这部分内容时，所画的图是静态的，数据修改起来不方便，而通过几何画板课件，学生可以获得充分参与的机会，使学生更加主动地去获取知识，并获得成功的经验。

4.10.1 课件简介

如图 4-52 所示，通过修改参数的值，观察图形的变化；拖动旋转点，可以旋转扇形；拖动缩放点，可以改变扇形大小。

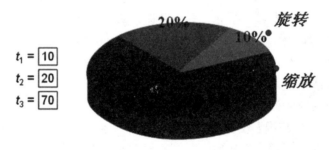

图 4-52 课件效果图

4.10.2 知识要点

- 【数据】菜单的综合应用。
- 构造垂线、轨迹与弧线等方法。

4.10.3 制作步骤

（1）执行【数据】|【新建参数】命令，新建三个参数 $t_1=10$、$t_2=20$ 和 $t_3=70$。

（2）执行【数据】|【计算】命令，在弹出的【新建计算】对话框中输入如图 4-53 所示的公式，单击【确定】按钮，计算三个参数的和。

（3）执行【数据】|【计算】命令，计算 $\dfrac{t_1}{t_1+t_2+t_3}$ 的值；按相同的方法计算 $\dfrac{t_2}{t_1+t_2+t_3}$ 和

$\dfrac{t_3}{t_1+t_2+t_3}$ 的值。

（4）执行【数据】|【计算】命令，计算 $\dfrac{t_1}{t_1+t_2+t_3}\cdot 360°$ 的值，设置单位为"度"，如图 4-54 所示。

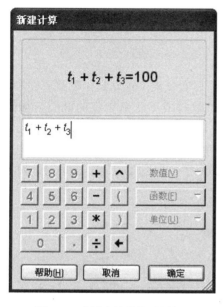

图 4-53　【新建计算】对话框

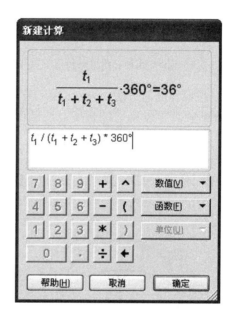

图 4-54　【新建计算】对话框

（5）按照相同的方法，计算 $\dfrac{t_2}{t_1+t_2+t_3}\cdot 360°$ 和 $\dfrac{t_3}{t_1+t_2+t_3}\cdot 360°$ 的值，这样就完成了各参数所占百分比的值的计算。

（6）单击【直线工具】 ，绘制一条直线 AB，依次选中点 A 和点 B，执行【构造】|【以圆心和圆周上的点绘圆】命令，构造圆 A。

（7）单击【点工具】 ，在圆 A 上任取一点 C，选中度量值 $\dfrac{t_1}{t_1+t_2+t_3}\cdot 360°$，执行【变换】|【标记角度】命令，双击点 A，标记点 A 为中心点，选中点 C，执行【变换】|【旋转】命令，按标记角度旋转得到点 C'。按相同的方法，把点 C'按角度 $\dfrac{t_2}{t_1+t_2+t_3}\cdot 360°$ 旋转得到点 C''，完成后如图 4-55 所示。

（8）把圆 A 隐藏起来，依次选中点 A、点 C 和点 C'，执行【构造】|【圆上的弧】命令，构造弧 CC'，按照同样的方法构造弧 $C'C''$和弧 $C''C$。

（9）在弧 CC'上任取一点 D，同时选中点 D 和直线 AB，执行【构造】|【垂线】命令，构造垂线 DE 与直线 AB 交于点 E；单击【线段工具】 ，绘制线段 DE；选中线段 DE，执行【构造】|【中点】命令，构造中点 F；依次选中点 F 和点 D，执行【构造】|【轨迹】命令，构造中点的轨迹，如图 4-56 所示。

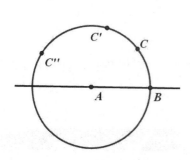

图 4-55　按标记角度旋转点 C 和 C′

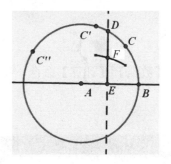

图 4-56　构造中点 F 的轨迹

（10）按照相同的方法，分别构造弧 C′C″和弧 C″C 所对应的轨迹，隐藏直线和线段等不显示的对象，完成后三段弧所对应的中点轨迹就构成了一个完整的椭圆，如图 4-57 所示。

（11）在椭圆的其中一段轨迹上任取一点 S，单击【线段工具】 ，绘制线段 AS；依次选中线段 AS 和点 S，执行【构造】|【轨迹】命令，构造线段 AS 的轨迹，如图 4-58 所示。

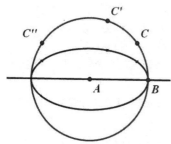
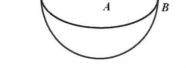

图 4-57　构造三段弧所对应的中点轨迹　　　　　图 4-58　构造线段 AS 的轨迹

（12）按照相同的方法，在椭圆的其他两段轨迹上任取点 T 和点 U，绘制线段 AT 和线段 AU，并构造它们的轨迹，修改它们的颜色，完成后如图 4-59 所示。

（13）执行【数据】|【计算】命令，计算 $\dfrac{t_1}{t_1+t_2+t_3} \cdot 100$ 的值；按相同的方法计算 $\dfrac{t_2}{t_1+t_2+t_3} \cdot 100$ 和 $\dfrac{t_3}{t_1+t_2+t_3} \cdot 100$ 的值。

（14）单击【文本工具】 ，在适当位置构造一个文本框，单击前面计算出来的 $\dfrac{t_1}{t_1+t_2+t_3} \cdot 100$ 的值，此时文本框就会链接到这个计算值；按相同的方法构造另两个文本框。

（15）同时选中点 S 和第一个文本框，按下 Shift 键，执行【编辑】|【合并文本到点】命令，把文本合并到扇形上；按相同的方法合并另两个文本到相应的扇形上。

（16）下面进行一些美化工作，同时选中点 B 和线段 AB，执行【构造】|【垂线】命令，构造一条垂线；在垂线上适当位置取一点 V_1，利用其他绘图软件绘制一张半椭圆图；同时选中点 V_1 和 W_1，执行【编辑】|【粘贴图像】命令，把半椭圆粘贴到这两点间，完成后如

图 4-60 所示。

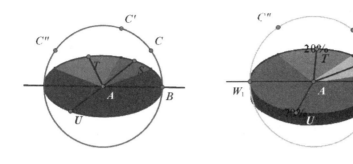

图 4-59　构造另外两条线段的轨迹　　　图 4-60　美化扇形

（17）隐藏不必要的对象，最终效果如图 4-52 所示，执行【文件】|【保存】命令，并以"立体扇形统计图"为文件名保存。

4.11　本章习题

一、选择题

1．几何画板中，度量线段的步骤是（　　）。
　　①画线段　　　　　②在菜单中找到【长度】命令　　　　③度量
　　A．①②③　　　　　　　　　　B．①③②
　　C．③②①　　　　　　　　　　D．③①②

2．几何画板中，【数据】菜单没有的项目是（　　）。
　　A．制表　　　B．新建函数　　　C．绘制新函数　　　　D．创建绘图函数

3．几何画板 5.0 中，【度量】菜单中新增加的选项是（　　）。
　　A．周长　　　B．弧长　　　C．点的值　　　　　D．比

4．几何画板中，在计算器的函数功能中不能直接使用的函数是（　　）。
　　A．正弦函数　B．余弦函数　　C．以 2 为底的对数函数　D．绝对值函数

二、填空题

1．几何画板中，如果要验证三角形的两边之和大于第三边，则要用到【度量】菜单中的_____命令。

2．几何画板中，如果要验证三角形的内角和，则要用到【度量】菜单中的_____命令。

3．几何画板中，除了利用【数据】菜单中的命令来添加表中的数据外，还可以通过鼠标_____和键盘中的_____键来添加。

4．在几何画板的【计算】对话框中，要输入数学符号"π"，可以直接利用键盘中的_____键输入。

4.12 上机练习

练习 1 验证五边形内角和

本练习是【度量】菜单的应用，效果如图 4-61 所示，拖动五边形顶点观察角度变化。在制作课件的过程中，涉及本章学习的【度量】菜单中度量角度、工具箱中标记的使用方法等知识。

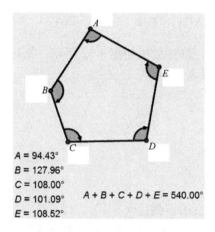

图 4-61 验证五边形内角和

主要制作步骤提示：

（1）新建一个几何画板文件。

（2）利用工具箱中的多边形工具绘制一个五边形 *ABCDE*。

（3）用工具箱中的标记工具把五个角标记出来。

（4）同时选中五个标记角，利用【度量】菜单中的【度量角度】命令度量五个角。

（5）利用【数据】菜单中的【计算】命令把五个角的和计算出来。

练习 2 验证圆的面积公式

本练习是【度量】菜单和【数据】菜单的应用，效果如图 4-62 所示，单击"改变颜色"按钮可以改变圆的颜色，改变圆的半径可以改变面积。在制作课件的过程中，涉及本章学习的【度量】菜单中的度量面积、【数据】菜单中的参数和制作参数动画等知识。

主要制作步骤提示：

（1）新建一个几何画板文件。

（2）利用工具箱中的圆工具绘制一个圆 *A*。

（3）选中圆 *A* 内部，利用【度量】菜单中的【面积】命令度量圆的面积。

（4）利用【度量】菜单中的【度量长度】命令度量 *AB* 的长，即为圆的半径。

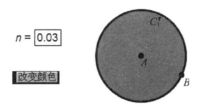

$$n = \boxed{0.03}$$

改变颜色

圆的面积 = 11.95 厘米^2

r = 1.95厘米 $\pi \cdot r^2$ = 11.95 厘米^2

图 4-62 验证圆的面积公式

（5）利用【数据】菜单中的【计算】命令，用公式 πr^2 把圆的面积计算出来。

（6）利用【数据】菜单新建一个参数 n，同时选中参数 n 和圆 A 内部，构造参数动画并适当设置好颜色参数。

练习 3 验证扇形的面积公式

本练习主要是【度量】菜单的应用，效果如图 4-63 所示，拖动点 B 可以改变圆的半径，拖动点 C 可以改变扇形面积。在制作课件的过程中，涉及本章学习的【度量】菜单中的度量面积、长度和弧长等知识。

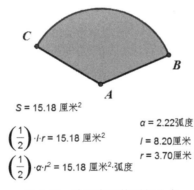

S = 15.18 厘米^2

$\left(\dfrac{1}{2}\right) \cdot l \cdot r$ = 15.18 厘米^2

$\left(\dfrac{1}{2}\right) \cdot \alpha \cdot r^2$ = 15.18 厘米$^2 \cdot$弧度

α = 2.22弧度

l = 8.20厘米

r = 3.70厘米

图 4-63 验证扇形的面积公式

主要制作步骤提示：

（1）新建一个几何画板文件。

（2）利用工具箱中的圆工具绘制一个圆 A，在圆 A 上绘制弧 BC。

（3）选中弧 BC，利用【构造】菜单中的【构造扇形内部】命令构造扇形，选中扇形并度量扇形的面积。

（4）利用【度量】菜单中的【长度】命令度量 AB 的长，即圆的半径。利用【度量】菜单中的【弧长】命令度量弧 BC 的长。利用【度量】菜单中的【角度】命令度量扇形的圆心角（弧度制）。

（5）利用【数据】菜单中的【计算】命令用扇形面积公式把扇形的面积计算出来。

**第
5
章**

制作函数曲线类课件

几何画板强大的运算功能和图形图像功能可以在函数曲线方面大显身手。例如，利用它能制作各种形式的方程（普通方程、参数方程、极坐标方程）的曲线；能对动态的对象进行"追踪"，并显示该对象的"轨迹"；能通过拖动某一对象（如点、线）观察整个图形的变化来研究两个或两个以上曲线的位置关系。本章安排了10个函数曲线类课件实例。

本章知识要点：

- 【绘图】菜单的综合应用。
- 【数据】菜单的综合应用。
- 【构造】菜单的综合应用。

5.1 二次函数图像

几何画板 5.0 加强了在函数方面的应用，很多函数图像可以直接利用几何画板绘制，从而加快了课件的开发速度。本节通过绘制静态和动态的二次函数图像来理解和掌握【绘图】菜单的应用，并通过举一反三，学会其他函数图像的制作方法。

5.1.1 绘制静态的二次函数

视频讲解

二次函数在中学数学中的地位无论怎么强调都不过分，它太典型了，集中了中学数学中大部分的数学思想与方法。

1. 课件简介

本课件直接绘制一个二次函数图像，课件效果如图 5-1 所示，改变参数 a、b、c 的值就可以绘制出想要的二次函数图像。

2. 知识要点

- 【绘图】|【绘制新函数】命令的应用。
- 【数据】|【新建参数】命令的应用。

3. 制作步骤

（1）执行【数据】|【新建参数】命令，新建三个参数，把标签改为 a、b 和 c。

（2）执行【绘图】|【绘制新函数】命令，弹出【新建函数】对话框。输入参数"$a*x^2+b*x+c$"，如图 5-2 所示。单击【确定】按钮，关闭对话框，新建函数 $f(x)=ax^2+bx+c$。

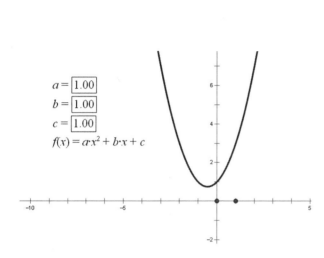

图 5-1　绘制静态的二次函数

图 5-2　新建函数

（3）执行【绘图】|【隐藏网格】命令，把网格隐藏起来，最终效果如图 5-1 所示。

（4）执行【文件】|【保存】命令，并以"绘制静态的二次函数"为文件名保存。

注：① 任选工作区中的参数 a、b、c，可通过按键盘上的"＋"或"－"键来增加或减小所选参数的值；随着参数值的变化，函数图像也会随之改变。按照相同的方法，可以绘制任意一个函数的图像。

② 对于使用【新建函数】对话框具体输入其他函数的步骤基本是相同的，因此在后面的实例中略讲。

5.1.2　绘制动态的二次函数

视频讲解

5.1.1 节中改变参数也可以改变曲线的形状，但它不能连续地演示二次函数的变化效果，本例是绘制一个连续的演示二次函数图像变化规律的课件。

1．课件简介

本课件实现了用参数动态控制函数的解析式及其图像的变化，使用时可拖动线段端点改变参数 a、b、c 的值，此时函数解析式及其图像会随着参数值的改变而改变。课件效果如图 5-3 所示。

2．知识要点

- 用【数据】|【新建函数】命令绘制含参数的函数图像。
- 建立动态解析式的方法。

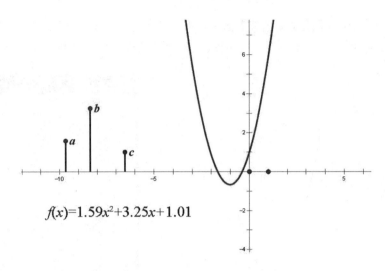

$$f(x)=1.59x^2+3.25x+1.01$$

图 5-3　绘制动态的二次函数

3．制作步骤

（1）执行【绘图】|【定义坐标系】命令，显示坐标系。

（2）执行【绘图】|【隐藏网格】命令，把网格隐藏。

（3）在 x 轴上任取 3 点 A、B、C，同时选中点 A、B、C 和 x 轴，执行【构造】|【垂线】命令，得到 3 条直线 j、k、l，分别在 3 条直线 j、k、l 上各取一点，将这 3 点的标签分别命名为 a、b、c。

（4）同时选中 3 条垂线，按快捷键 Ctrl+H，隐藏 3 条垂线。单击【线段工具】，分别连接 a、b、c 与 x 轴上对应的 3 点 A、B、C，得到 3 条线段，同时选中 x 轴上的 3 点，按快捷键 Ctrl+H，隐藏点 A、B、C。

（5）同时选中三点 a、b、c，执行【度量】|【纵坐标】命令，单击【文本工具】，双击度量值，分别将标签改为 a、b、c。完成后如图 5-4 所示。

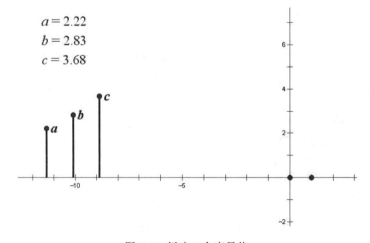

图 5-4　新建 3 个度量值

（6）执行【数据】|【新建函数】命令，打开【新建函数】对话框，输入"a*x^2+b*x+c"，如图 5-5 所示，单击【确定】按钮，新建函数 $f(x)=ax^2+bx+c$。

（7）右击函数 $f(x)=ax^2+bx+c$，在弹出的快捷菜单中选择【绘制函数】命令，绘制出函数 $f(x)=ax^2+bx+c$ 的图像。

（8）单击【文本工具】，在画板空白处拖出一个文本框，单击度量值 a，此时文本就会增加度量值 a；按同样的方法创建函数 $f(x)=ax^2+bx+c$ 的解析式，如图 5-6 所示。

图 5-5　新建函数

$a = 2.22$
$b = 2.83$
$c = 3.68$

$f(x)=2.22x^2+2.83x+3.68$

图 5-6　创建动态函数解析式

（9）隐藏不必要的对象，添加必要的文字说明，并调整相应对象的位置，最终效果如图 5-3 所示。

（10）执行【文件】|【保存】命令，并以"绘制动态的二次函数"为文件名保存。

5.2　函数 $y=A\sin(\omega x+\varphi)$ 的图像

视频讲解

中学代数中的三角函数 $y=A\sin(\omega x+\varphi)$ 在教学中是一个难点，主要是由于学生不能从一般情况中发现并掌握各个变量对函数图像的影响。

5.2.1　课件简介

如图 5-7 所示，单击课件中相应的按钮，可为学生演示各种情况的三角函数，同时教师或学生还可以拖动相应的点 A、点 ω 或点 φ，从而改变函数的图像，这样操作后学生可以轻松地发现规律。

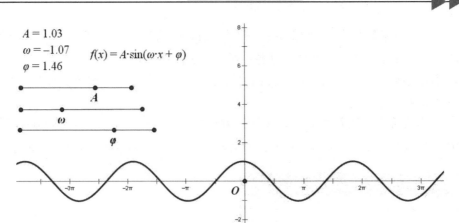

图 5-7　函数 $y=A\sin(\omega x+\varphi)$ 的图像

5.2.2　知识要点

● 三角函数sin()的应用。
● 绘制三角函数曲线的一般方法。

5.2.3　制作步骤

（1）执行【绘图】|【网格样式】|【三角坐标轴】命令，如果原来的角度单位是"度"，就会弹出一个【三角函数】对话框，单击【确定】按钮，定义一个新的坐标系，将坐标原点的标签设为 O，将 x 轴和 y 轴上的单位点隐藏，将网格隐藏。

（2）单击【线段工具】，在画板适当位置绘制一条线段，选中线段，执行【构造】|【中点】命令，构造中点 B，单击【点工具】，在线段上取一点 C。

（3）选中 B、C 两点，执行【度量】|【横坐标】命令，度量 B、C 两点的横坐标；执行【数据】|【计算】命令，计算 x_B-x_C 的值，如图 5-8 所示。

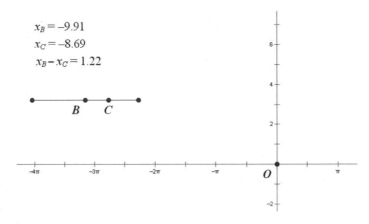

图 5-8　计算 x_B-x_C 的值

（4）把 x_B–x_C 的标签改为 A，隐藏坐标 x_B、x_C 和中点 B，把点 C 的标签改为 A。

（5）按照相同的方法绘制另两条线段，用来控制 ω 和 φ 的值，如图 5-9 所示。

（6）执行【数据】|【新建函数】命令，打开【新建函数】对话框，输入"$A*\sin(\omega*x+\varphi)$"，如图 5-10 所示，单击【确定】按钮，新建函数 $f(x)= A\sin(\omega x+\varphi)$。

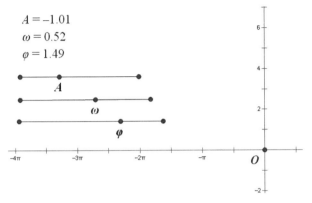

图 5-9　绘制用来控制 ω 和 φ 值的线段

图 5-10　新建函数 $f(x)= A\sin(\omega x+\varphi)$

（7）调整相应对象的位置，最终效果如图 5-7 所示。

（8）执行【文件】|【保存】命令，并以"函数 $y=A\sin(\omega x+\varphi)$ 的图像"为文件名保存。

5.3　正弦函数线

视频讲解

单位圆、正弦线以及正弦函数是三角函数的中心知识点，也是学生比较熟悉的内容，但学生对单位圆、正弦线以及正弦函数这三者的统一性不是很理解，此课件可以帮助学生理解这一内容。

5.3.1　课件简介

如图 5-11 所示，本课件在同一动画中模拟单位圆、正弦线以及正弦函数，分步展现由单位圆转化为标准正弦函数图像的动画过程。依次单击课件按钮即可演示课件。

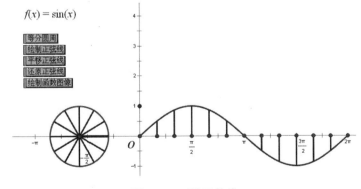

图 5-11　正弦函数线

5.3.2 知识要点

- 三角函数sin()的应用。
- 操作类按钮的制作和使用方法。

5.3.3 制作步骤

（1）执行【绘图】|【网格样式】|【三角坐标轴】命令，如果原来的角度单位是"度"，就会弹出一个【三角函数】对话框，单击【确定】按钮，定义一个新的坐标系，将坐标原点的标签设为 O，将 x 轴上的单位点隐藏，将网格隐藏。

（2）执行【绘图】|【在轴上绘制点】命令，打开【绘制给定数值的点】对话框，输入"π/6"，绘制点 $(\pi/6,0)$，如图 5-12 所示。

（3）依次选中原点 O 和刚绘制的点 $(\pi/6,0)$，执行【变换】|【标记向量】命令，选中点 $(\pi/6,0)$，执行【变换】|【平移】命令，在弹出的【平移】对话框中单击【平移】按钮，此时会默认按【标记】平移出点 $(\pi/3,0)$，按照同样的方法平移出另 11 个点，直到平移到点 $(2\pi,0)$。

图 5-12　绘制点

（4）依次选中原点 O 和 y 轴上的单位点，执行【度量】|【距离】命令，度量出单位长度。利用【点工具】 在 x 轴负半轴上任取一点，选中这个点和单位度量值，执行【构造】|【以圆心和半径绘圆】命令，构造一个单位圆，如图 5-13 所示。

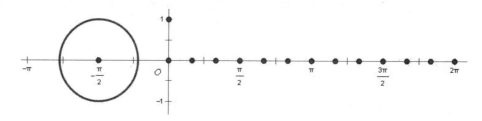

图 5-13　绘制单位圆

（5）利用【点工具】 绘制与 x 轴的交点 E，双击单位圆圆心，标记中心，选中点 E，执行【变换】|【旋转】命令，在弹出的【旋转】对话框中输入"π/6"，如图 5-14 所示。单击【旋转】按钮。

（6）按照第（5）步的方法旋转出另 11 个点，依次选中第 2 个点和 x 轴，执行【构造】|【垂线】命令，选中 x 轴和垂线，执行【构造】|【交点】命令，构造与 x 轴的交点。

（7）将垂线隐藏，依次选中点 E 和原点 O，执行【构造】|【线段】命令，在线段上任取一点，把这个点移到线段最左端，选中这个点和线段的右端点，执行【编辑】|【操作类按钮】|【移动】命令，在弹出的【操作类按钮】对话框中把标签改成"移动点 1"，如图 5-15 所示，单击【确定】按钮。按照相同的方法，新建另一个命名为"1"的移动按钮，

让这个点从右端点移回左端点。

图 5-14　旋转点 E

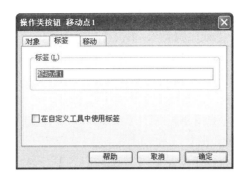

图 5-15　移动点 1

（8）依次选中过圆上"π/6"位置的垂线与 x 轴的交点和坐标轴上的"π/6"点，执行【构造】|【线段】命令，在线段上任取一点为"移动点 2"，把这个点移到线段最左端。依次选中过圆上"π/6"位置的垂线与 x 轴的交点和圆上"π/6"位置的点，执行【变换】|【标记向量】命令，选中"移动点 2"，执行【变换】|【平移】命令，在弹出的【平移】对话框中单击【平移】按钮，此时就会平移出一个点，把这两点连成线段，如图 5-16 所示。

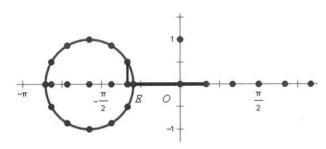

图 5-16　构造三角函数线

（9）按照第（7）步的方法新建另两个命名为"移动点 2"和"2"的移动按钮。按照相同的方法构造其他 11 条三角函数线以及平移按钮，完成后如图 5-17 所示。

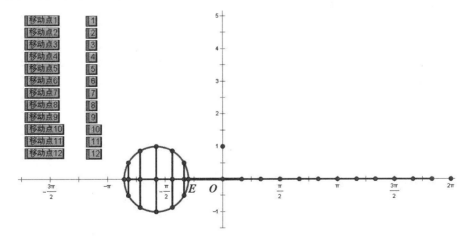

图 5-17　构造三角函数线

（10）全选"移动点 1"到"移动点 12"按钮，执行【编辑】|【操作类按钮】|【系列】命令，在弹出的【操作类按钮】对话框中把标签改为"平移正弦线"，打开【系列动作】选项卡，选择"依序执行"，单击【确定】按钮。按相同的方法，全选按钮"1"到按钮"12"，创建另一个按钮，把标签改成"还原正弦线"，在【系列动作】选项卡中选择"同时执行"。

（11）把 24 个移动点按钮和 x 轴上的线段隐藏起来，选中 12 条三角函数线，执行【编辑】|【操作类按钮】|【隐藏/显示】命令，把标签改为"绘制正弦线"，单击【确定】按钮。

（12）单击【线段工具】 ✏ ，依次连接圆心和圆上的 12 个点的线段，全选这 12 条线段，执行【编辑】|【操作类按钮】|【隐藏/显示】命令，把标签改为"等分圆周"。

（13）执行【绘图】|【绘制新函数】命令，打开【新建函数】对话框，输入"sin(x)"，单击【确定】按钮，新建函数 $f(x) = \sin(x)$。右击所绘制的正弦曲线，在弹出的快捷菜单中单击【属性】，弹出【函数图像】对话框，打开【绘图】选项卡，把范围改为 0～2π，如图 5-18 所示。

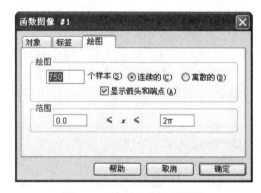

图 5-18　绘制正弦函数图像

（14）选中所绘制的正弦曲线，执行【编辑】|【操作类按钮】|【隐藏/显示】命令，把标签改为"绘制函数图像"，单击【确定】按钮。调整相应对象的位置，最终效果如图 5-11 所示。

（15）执行【文件】|【保存】命令，并以"正弦函数线"为文件名保存。

5.4　绘制椭圆的 4 种常用方法

椭圆是一种非常重要的图形，不仅在教学中处于重要的地位，而且在制作立体几何图形和动画中也非常有用。本节介绍绘制椭圆的几种方法。

5.4.1　第一定义法

视频讲解

椭圆的第一定义：平面上到两点距离之和为定值（该定值大于两点间距离）的点的集合。这两个定点也称为椭圆的焦点，焦点之间的距离称为焦距。

1. 课件简介

如图 5-19 所示，拖动点 D 和点 E 可以改变椭圆的形状。其中，两个圆的半径和刚好

等于线段 *AB*（定值）的长度。

2．知识要点

构造轨迹的方法。

3．制作步骤

（1）单击【线段工具】 ，在画板适当位置绘制
一条线段 *AB*。单击【点工具】 ，在线段上取一点 *C*，
依次选中点 *A*、点 *C*，执行【变换】|【标记向量】命令。

（2）单击【点工具】 ，在画板适当位置任取
一点 *D*，选中点 *D*，执行【变换】|【平移】命令，

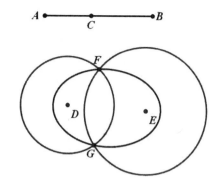

图 5-19　利用第一定义绘制椭圆

单击【平移】按钮，会得到点 *D'*。依次选中点 *D* 和点 *D'*，执行【构造】|【以圆心和圆周
上的点绘圆】命令，构造一个圆 *D*，隐藏点 *D'*，如图 5-20 所示。

（3）依次选中点 *B* 和点 *C*，执行【变换】|【标记向量】命令。单击【点工具】 ，在
画板适当位置任取一点 *E*，使 *DE* 的距离小于线段 *AB* 的长，线段 *AB* 的长为椭圆的长轴长
（线段 *DE* 的长为椭圆的焦距 $2c$），选中点 *E*，执行【变换】|【平移】命令，单击【平移】
按钮，会得到点 *E'*。

（4）依次选中点 *E* 和 *E'*，执行【构造】|【以圆心和圆周上的点绘圆】命令，构造一个
圆 *E*，隐藏点 *E'*，选中两个圆，执行【构造】|【交点】命令，构造两个圆的交点 *F* 和 *G*，
如图 5-21 所示。

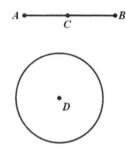

图 5-20　构造圆 *D*

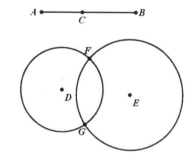

图 5-21　构造圆 *E*

（5）依次选中点 *F* 和点 *C*，执行【构造】|【轨迹】命令；按照相同的方法，依次选中
点 *G* 和点 *C*，执行【构造】|【轨迹】命令，就可以构造出椭圆了。最终效果如图 5-19 所示。

（6）执行【文件】|【保存】命令，并以"利用第一定义绘制椭圆"为文件名保存。

5.4.2　第二定义法

椭圆的第二定义：平面上到定点距离与到定直线距离之比为常数的点的轨迹（定点不
在定直线上，该常数为小于 1 的正数）。该定点为椭圆的焦点，该直线称为椭圆的准线。

视频讲解

1. 课件简介

如图 5-22 所示，拖动点 C 和点 G 可以改变椭圆的形状。其中，点 C 改变椭圆的离心率；点 G 改变椭圆的长半轴大小。

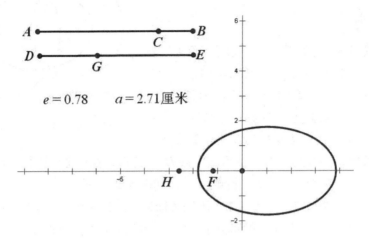

图 5-22　利用第二定义绘制椭圆

2. 知识要点

● 构造轨迹的方法。
● 利用线段制作连续可变变量。

3. 制作步骤

（1）执行【绘图】|【定义坐标系】命令，显示坐标系。

（2）执行【绘图】|【隐藏网格】命令，把网格隐藏。

（3）单击【线段工具】，在画板适当位置绘制一条线段 AB。单击【点工具】，在线段上取一点 C。

（4）依次选中点 A 和点 C，执行【度量】|【距离】命令，度量 AC 的距离；按照相同的方法，度量 AB 的距离。

（5）执行【数据】|【计算】命令，打开【新建计算】对话框，输入"AC/AB"，如图 5-23 所示，单击【确定】按钮，新建比值 AC/AB。

（6）单击【线段工具】，在画板适当位置绘制一条线段 DE。单击【点工具】，在线段上取一点 G。依次选中点 D 和点 G，执行【度量】|【距离】命令，度量 DG 的距离。把比值 AC/AB 的标签改为 e，把 DG 距离的标签改为 a。

图 5-23　新建比值 AC/AB

（7）执行【数据】|【计算】命令，打开【新建计算】对话框，输入"a/e"，计算 a/e 的值，在 x 轴上任取两点 F、H，选中 H 点和 x 轴，执行【构造】|【垂线】命令，选中 a/e 的值，执行【变换】|【标记距离】命令，标记距离 a/e，选中构造出来的垂线，执行【变换】|【平移】命令，按标记距离平移出一条垂线，如图 5-24 所示。

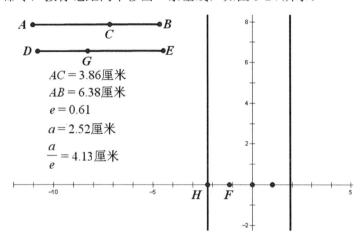

图 5-24   平移出一条垂线

（8）同时选中点 F 和 a 值，执行【构造】|【以圆心和半径绘圆】命令，构造一个圆 F，调整点 G 和点 C 的位置，使得圆 F 和平移出的垂线相交，单击【点工具】 ，绘制垂线和圆的交点 I 和 J。

（9）依次选中点 I 和点 G，执行【构造】|【轨迹】命令；按照相同的方法，依次选中点 J 和点 G，执行【构造】|【轨迹】命令，就可以构造出椭圆了，如图 5-25 所示。

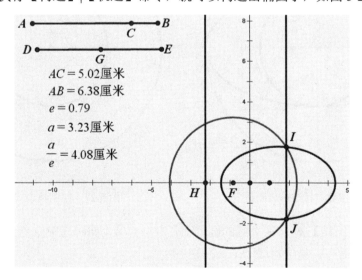

图 5-25   构造椭圆

（10）隐藏不必要的对象，调整相应对象的位置，最终效果如图 5-22 所示。

（11）执行【文件】|【保存】命令，并以"利用第二定义绘制椭圆"为文件名保存。

5.4.3 参数方程法

椭圆的参数方程：$x=a\cos\theta$，$y=b\sin\theta$（θ 属于 $[0,2\pi)$），a 为长半轴长，b 为短半轴长，θ 为参数。

1．课件简介

如图 5-26 所示，小圆的半径为 b，大圆的半径为 a，椭圆上的点的坐标为 $(a\cos\theta, b\sin\theta)$，通过改变圆的半径来改变椭圆的形状。

2．知识要点

构造轨迹的方法。

3．制作步骤

（1）执行【绘图】|【定义坐标系】命令，显示坐标系。

（2）执行【绘图】|【隐藏网格】命令，把网格隐藏。

（3）单击【圆工具】⊙，以原点 O 为圆心绘制两个同心圆，如图 5-27 所示。

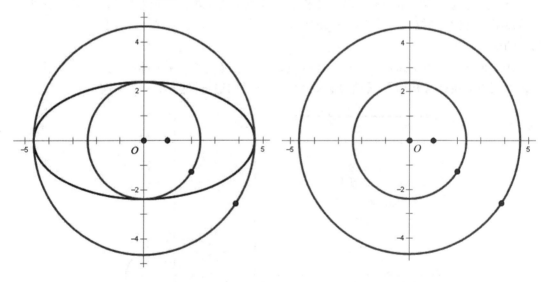

图 5-26　参数方程法构造椭圆　　　　　图 5-27　绘制两个同心圆

（4）单击【点工具】·，在大圆的圆周上任取一点 A，同时选中原点 O 和点 A，执行【构造】|【直线】命令，构造直线 OA。

（5）利用【点工具】·绘制直线 OA 和小圆的交点 B，同时选中点 A 和 x 轴，执行【构造】|【垂线】命令，构造过点 A 和 x 轴垂直的直线 l。

（6）同时选中点 B 和直线 l，执行【构造】|【垂线】命令，构造过点 B 和直线 l 垂直的直线 k，利用【点工具】·构造直线 l 和直线 k 的交点 C，如图 5-28 所示。

（7）依次选中点 C 和点 A，执行【构造】|【轨迹】命令，就可以构造出椭圆了，隐藏不必要的对象，最终效果如图 5-26 所示。

（8）执行【文件】|【保存】命令，并以"参数方程法构造椭圆"为文件名保存。

5.4.4 单圆法

视频讲解

本课件是利用椭圆的第一定义，使椭圆上的点到两定点的距离之和刚好等于圆的半径。

1．课件简介

如图 5-29 所示，通过拖动圆上的点改变圆的大小，从而改变椭圆的形状。

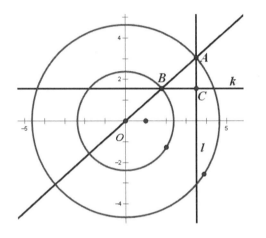
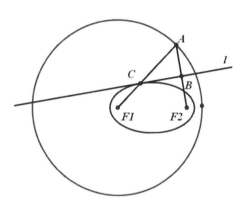

图 5-28 构造垂线的交点   图 5-29 单圆法绘制椭圆

2．知识要点

构造轨迹的方法。

3．制作步骤

（1）单击【圆工具】 ⊙，在画板适当的位置构造一个圆 F_1。

（2）单击【点工具】 ·，在圆内部构造一个点 F_2，在圆 F_1 上任取一点 A，选中点 F_1、点 A 和点 F_2，利用【线段工具】 ╱构造线段 AF_1 和 AF_2。

（3）选中线段 AF_2，执行【构造】|【中点】命令，构造线段 AF_2 的中点 B，同时选中线段 AF_2 的中点 B，执行【构造】|【垂线】命令，构造过点 B 和线段 AF_2 垂直的直线 l。

（4）单击线段和直线的交点位置构造线段 AF_1 和直线 l 的交点 C，依次选中点 C 和点 A，执行【构造】|【轨迹】命令，就可以构造出椭圆，最终效果如图 5-29 所示。

（5）执行【文件】|【保存】命令，并以"单圆法绘制椭圆"为文件名保存。

视频讲解

5.5 抛物线定义及作图演示

抛物线定义：平面内到一个定点和一条定直线距离相等的点的轨迹。

5.5.1 课件简介

如图 5-30 所示，改变 p 的值可以改变抛物线的形状，单击【作图】按钮可以动态绘制抛物线，单击【显示轨迹】按钮可以直接绘制抛物线。

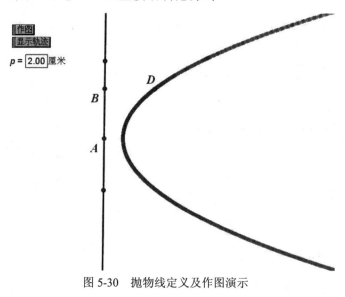

图 5-30 抛物线定义及作图演示

5.5.2 知识要点

- 追踪轨迹的使用方法。
- 操作类按钮的使用方法。

5.5.3 制作步骤

（1）单击【直线工具】，按住 Shift 键绘制一条竖直直线，在直线适当位置任取 A、B 两点。

（2）执行【数据】|【新建参数】命令，新建一个距离参数 p。选中参数 p，执行【变换】|【标记距离】命令。

（3）选中点 B 和竖线 AB，执行【构造】|【垂线】命令，构造垂线 l；选中点 A，执行【变换】|【平移】命令，按标记距离平移出 P 点，如图 5-31 所示。

（4）利用【线段工具】构造线段 BP；选中线段 BP，执行【构造】|【中点】命令，

构造线段 *BP* 的中点 *C*；同时选中线段 *BP* 的中点 *C*，执行【构造】|【垂线】命令，构造过点 *C* 和线段 *BP* 的垂线 *k*。

（5）单击两条直线的交点位置绘制直线 *l* 和直线 *k* 的交点 *D*，依次选中点 *D* 和点 *B*，执行【构造】|【轨迹】命令，就可以构造抛物线，如图 5-32 所示。

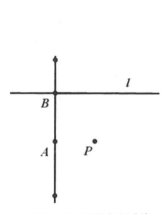

图 5-31　平移点和垂线

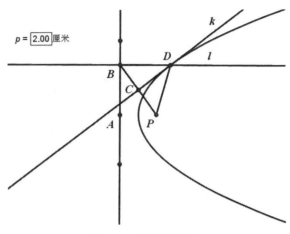

图 5-32　构造抛物线

（6）选中抛物线，执行【编辑】|【操作类按钮】|【隐藏/显示】命令，选中点 *B*，执行【编辑】|【操作类按钮】|【动画】命令，把标签改为"作图"。

（7）选中点 *D*，执行【显示】|【追踪交点】命令，把直线 *l* 和 *k* 等不必要的对象隐藏起来，单击【作图】按钮，最终效果如图 5-30 所示。

（8）执行【文件】|【保存】命令，并以"抛物线定义及作图演示"为文件名保存。

5.6　双曲线的第一定义

视频讲解

双曲线的第一定义：平面内，到两个定点的距离之差的绝对值为常数的点的轨迹称为双曲线。两个定点称为该双曲线的焦点。

5.6.1　课件简介

本课件利用双曲线的第一定义构造双曲线，如图 5-33 所示，拖动点 *F* 或点 *G*，可以调节焦距；拖动点 *C*，可以调节双曲线的离心率。

5.6.2　知识要点

● 构造轨迹的方法。

● 以半径和圆心绘圆。

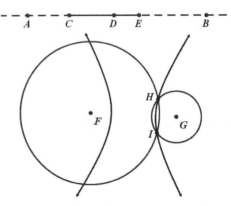

图 5-33　双曲线的第一定义

5.6.3 制作步骤

（1）单击【直线工具】 ，按住 Shift 键，在画板适当位置绘制水平直线 *AB*，并隐藏点 *A*、点 *B*。

（2）单击【点工具】 ，在直线 *AB* 上依次绘制点 *C*、点 *D*、点 *E*；单击【线段工具】 ，绘制线段 *CE* 和 *DE*。

（3）单击【点工具】 ，在画板适当位置绘制点 *F* 和点 *G*，并目测使 *F*、*G* 的距离大于 *CD* 长；选中点 *F* 和线段 *CE*，执行【构造】|【以圆心和半径绘圆】命令，构造圆 *F*；选择线段 *DE* 和点 *G*，同样构造圆 *G*，如图 5-34 所示。

（4）单击两圆交点处绘制两圆交点 *H*、*I*。

（5）选中点 *E* 和点 *H*，执行【构造】|【轨迹】命令，构造双曲线的一半图像；选中点 *E* 和点 *I*，同样构造另一半图像，如图 5-35 所示。

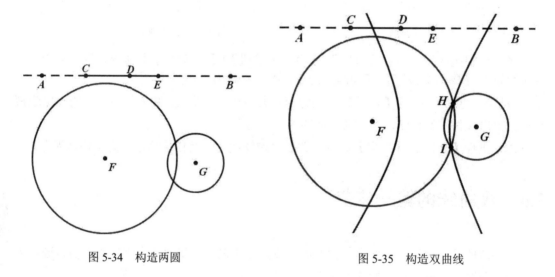

图 5-34　构造两圆　　　　　　　　　　图 5-35　构造双曲线

（6）调整相应对象的位置，执行【文件】|【保存】命令，并以"双曲线的第一定义"为文件名保存。

说明： 图 5-35 中的双曲线端点处有箭头，可以使用【移动箭头工具】 ，放置在双曲线箭头处，当光标显示为十字箭头时，拖动鼠标，可以延伸双曲线的图像。

5.7 圆锥曲线的统一形式

视频讲解

圆锥曲线包括椭圆、双曲线、抛物线。其统一定义为：到定点的距离与到定直线的距离的比 e 是常数的点的轨迹称为圆锥曲线。当 $0<e<1$ 时为椭圆；当 $e=1$ 时为抛物线；当 $e>1$ 时为双曲线。

5.7.1　课件简介

如图 5-36 所示，拖动点 A 或点 B 可以改变离心率，从而改变圆锥曲线的形状。

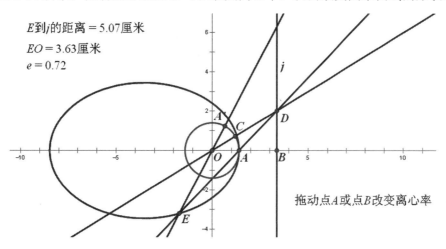

图 5-36　圆锥曲线的统一形式

5.7.2　知识要点

- 构造轨迹的方法。
- 以半径和圆心绘圆。

5.7.3　制作步骤

（1）执行【绘图】|【定义坐标系】命令，显示坐标系。

（2）执行【绘图】|【隐藏网格】命令，把网格隐藏，将 x 轴上的单位点隐藏。

（3）单击【点工具】，在 x 轴上取两点 A、B。依次选中原点和点 A，执行【构造】|【以圆心和圆周上的点绘圆】命令，构造圆 O。依次选中点 B 和 x 轴，执行【构造】|【垂线】命令，构造垂线 j。

（4）单击【点工具】，在圆 O 上任取一点 C，依次选中原点和点 C，利用【直线工具】，绘制直线 OC，与垂线 j 相交于点 D。

（5）双击直线 OC，标记镜面。选中点 A，执行【变换】|【反射】命令，绘制点 A'；利用【直线工具】，绘制直线 OA' 和 AD；单击直线 OA' 和 AD 交点处绘制两直线交点 E，如图 5-37 所示。

（6）选中点 E 和垂线 j，执行【度量】|【距离】命令，度量点 E 到垂线 j 的距离。选中点 E 和点 O，执行【度量】|【距离】命令，度量线段 EO 的距离。

（7）执行【数据】|【计算】命令，计算 EO 和"点 E 到垂线 j 的距离"之间的比值，

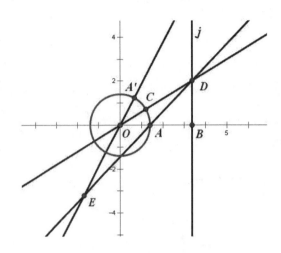

图 5-37　构造直线交点

并把标签改为 e。

（8）依次选中点 E 和点 C，执行【构造】|【轨迹】命令，就可以构造圆锥曲线了。拖动点 A 或点 B 改变离心率，可以绘制各类圆锥曲线。最终效果如图 5-36 所示。

（9）调整相应对象的位置，执行【文件】|【保存】命令，并以"圆锥曲线的统一形式"为文件名保存。

5.8　三次函数的极值问题

视频讲解

　　二次函数是重要的、具有广泛应用的初等函数，在初等数学范畴内利用直观的初等方法，学生对此已有较为全面、系统、深刻的认识，并在某些方面具备了把握规律的能力。然而，三次函数虽然同样初等，但是学生面对诸多问题仍比较困惑。目前，研究函数性质的高等工具——导数，已进入中学课堂，使三次函数成为高考数学的一大亮点，特别是文科数学，作为教者理应力所能及地借助几何画板这一工具让学生对三次函数有一些初步的理性认识。

5.8.1　课件简介

　　如图 5-38 所示，拖动 a、b、c、d 可以改变三次函数的图像，相应的导函数的图像也随之改变，通过导函数与 x 轴的交点个数来判断三次函数的极值问题。

5.8.2　知识要点

- 利用线段控制参数变化的方法。
- 绘制导函数的方法。

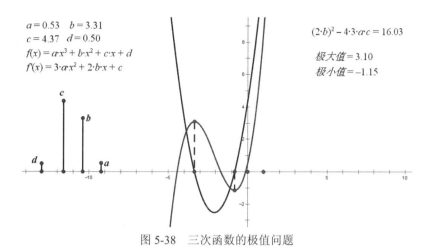

图 5-38 三次函数的极值问题

5.8.3 制作步骤

（1）执行【绘图】|【定义坐标系】命令，显示坐标系。

（2）执行【绘图】|【隐藏网格】命令，把网格隐藏。

（3）在 x 轴上任取 4 点 A、B、C、D，同时选中 4 点 A、B、C、D 和 x 轴，执行【构造】|【垂线】命令，构造 4 条直线 j、k、l、m，分别在 4 条直线 j、k、l、m 上各取一点，将这 4 点的标签分别命名为 a、b、c、d。

（4）同时选中 4 条垂线，按快捷键 Ctrl+H，隐藏 4 条垂线。单击【线段工具】 ，分别连接 a、b、c、d 与 x 轴上对应的 4 点 A、B、C、D，得到 4 条线段，同时选中 x 轴上的 4 点，按快捷键 Ctrl+H，隐藏点 A、B、C、D。

（5）同时选中 4 点 a、b、c、d，执行【度量】|【纵坐标】命令，单击【文本工具】，双击度量值，分别将标签改为 a、b、c、d。完成后如图 5-39 所示。

（6）执行【数据】|【新建函数】命令，打开【新建函数】对话框，输入 "$a*x^3+b*x^2+c*x+d$"，如图 5-40 所示，单击【确定】按钮，新建函数 $f(x)=ax^3+bx^2+cx+d$。

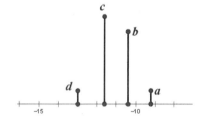

$$v_a = 0.66$$
$$v_b = 3.60$$
$$y_c = 4.34$$
$$v_d = 0.66$$

图 5-39 新建 4 个度量值

（7）右击函数 $f(x)=ax^3+bx^2+cx+d$，在弹出的快捷菜单中选择【绘制函数】命令，绘制函数 $f(x)=ax^3+bx^2+cx+d$ 的图像。

（8）右击函数 $f(x)=ax^3+bx^2+cx+d$，在弹出的快捷菜单中选择【创建导函数】命令，如图 5-41 所示。创建导函数 $f'(x)=3ax^2+2bx+c$。

（9）右击函数 $f(x)=ax^3+bx^2+cx+d$，在弹出的快捷菜单中选择【绘制函数】命令，绘制函数 $f'(x)=3ax^2+2bx+c$ 的图像。

（10）利用鼠标单击绘制的导函数 $f'(x)=3ax^2+2bx+c$ 与 x 轴的两个交点，选中这两个交点和 x 轴，执行【构造】|【垂线】命令，利用鼠标单击绘制函数 $f(x)=ax^3+bx^2+cx+d$ 图像与两条垂线的交点。

图 5-40 新建函数

图 5-41 弹出菜单

（11）隐藏两条垂线，单击【线段工具】 ，分别连接 x 轴的两个交点和两条垂线的交点，选中所绘制的线段，执行【显示】|【线型】|【虚线】命令，如图 5-42 所示。

（12）执行【数据】|【计算】命令，计算导函数判别式的值，如图 5-43 所示，单击【确定】按钮。

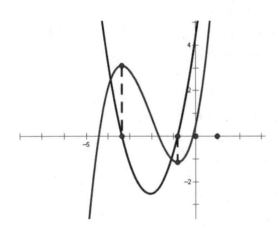

图 5-42 绘制线段

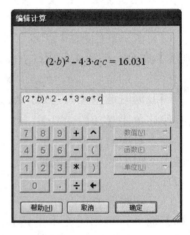

图 5-43 计算导函数判别式的值

（13）度量出曲线的极值点的纵坐标，调整相应对象的位置，最终效果如图 5-38 所示。

（14）执行【文件】|【保存】命令，并以"三次函数的极值问题"为文件名保存。

5.9 三次函数曲线的切线

视频讲解

本例是对 5.8 节三次函数的极值问题更进一步的研究。

5.9.1 课件简介

如图 5-44 所示，拖动点 A 可以使点 A 在曲线上移动，同时始终过点 A 有一条切线。

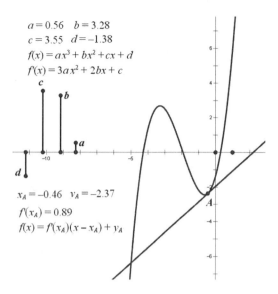

图 5-44 绘制三次函数曲线的切线

5.9.2 知识要点

导函数的应用。

5.9.3 制作步骤

（1）按 5.8.3 节的制作方法绘制一个三次函数曲线，并求出导函数，如图 5-45 所示。

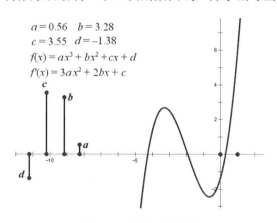

图 5-45 绘制三次函数

（2）单击【点工具】 ，在三次函数曲线上任意取一点 A，执行【度量】|【横坐标】命令和【纵坐标】命令，度量点 A 的坐标。

（3）执行【数据】|【计算】命令，计算 $f'(x_A)$ 的值，如图 5-46 所示，单击【确定】按钮。

（4）执行【绘图】|【绘制新函数】命令，打开【新建函数】对话框，输入"$f'(x_A)*(x-x_A)+y_A$"，绘制切线，如图 5-47 所示，单击【确定】按钮。最终效果如图 5-44 所示。

图 5-46　计算 $f'(x_A)$ 的值

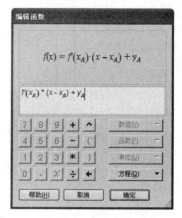

图 5-47　绘制切线

（5）执行【文件】|【保存】命令，并以"三次函数曲线的切线"为文件名保存。

视频讲解

5.10　极坐标系下的圆锥曲线

研究函数问题，直角坐标系下的函数只是一部分，极坐标系下的函数曲线很多是直角坐标系很难表现甚至无法表现的。

5.10.1　课件简介

绘制圆锥曲线的统一方程，圆锥曲线在极坐标系中的统一方程为：$\rho=ep/(1-e\cos\theta)$（其中，e 为离心率）。

如图 5-48 所示，拖动点 F 或点 G，可改变 p 的值；拖动点 H 或点 I，可改变 e 的值。

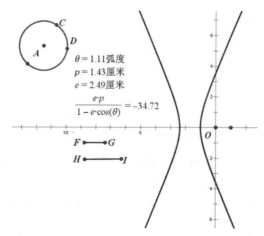

图 5-48　极坐标系下的圆锥曲线

5.10.2　知识要点

- 【参数选项】的设置方法。
- 在极坐标系中绘制曲线的方法。

5.10.3　制作步骤

（1）执行【绘图】|【网格样式】|【极坐标网格】命令，新建极坐标系，并将原点坐标的标签设为 O。

（2）执行【编辑】|【参数选项】命令，打开【参数选项】对话框，把【角度】单位设置为【弧度】，如图 5-49 所示，单击【确定】按钮。

（3）单击【圆工具】，在画板的适当位置绘制一个圆 A。

（4）单击【点工具】，在圆 A 上任意绘制两个点：C 和 D。

（5）依次选中点 D、A、C，执行【度量】|【角度】命令，度量 $\angle DAC$ 的大小，并将标签改为 θ。

（6）单击【线段工具】，在画板的适当位置绘制两条线段：FG、HI。

（7）选中线段 FG，执行【度量】|【长度】命令，度量线段 FG 的长度，并将标签改为 p。按同样的方法，度量 HI，并将标签改为 e。

（8）执行【数据】|【计算】命令，计算 $ep/(1-ecos(\theta))$ 的值，如图 5-50 所示，单击【确定】按钮。

图 5-49　【参数选项】对话框

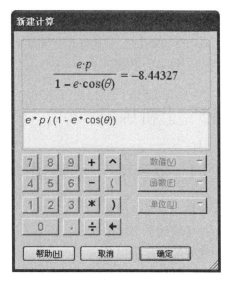

图 5-50　计算 $ep/(1-ecos(\theta))$ 的值

（9）依次选中 $ep/(1-ecos(\theta))$ 和 θ，执行【绘图】|【绘制点 (r,θ)】命令，绘制点 K。

（10）依次选中点 K 和点 C，执行【构造】|【轨迹】命令，构造圆锥曲线的轨迹。

（11）将网格等不必要的对象隐藏，并调整一部分对象的位置，最终效果如图 5-48

所示。

（12）执行【文件】|【保存】命令，并以"极坐标系下的圆锥曲线"为文件名保存。

5.11 本章习题

一、选择题

1. 在几何画板中，绘制数学函数图像命令在（　　）菜单中。
　　A.【编辑】　　　　　B.【构造】　　　　　C.【变换】　　　　　D.【绘图】
2. 下列选项中，（　　）是几何画板新增的功能。
　　A. 新建函数　　　　B. 创建导函数　　　C. 创建绘图函数　　　D. 绘制参数曲线
3. 几何画板 5.0 中，网格新增加的选项是（　　）。
　　A. 三角形网格　　　B. 极坐标网格　　　C. 矩形网格　　　　　D. 方形网格
4. 几何画板中，利用绘制参数曲线来绘制图形的前提是（　　）。
　　A. 选择新建的两个参数　　　　　　B. 选择两个函数作为参数
　　C. 选择新建的一个参数　　　　　　D. 选择一个函数作为参数

二、填空题

1. 几何画板中，要绘制三角函数的图像时，一般要把角的单位设置为＿＿＿＿＿＿。
2. 几何画板中，要了解函数曲线上的点的变化情况时，可以利用"显示"菜单中的＿＿＿＿＿＿（快捷键 Ctrl+T）来观察。
3. 几何画板中，要绘制以 3 为底的对数函数时，要输入的公式是＿＿＿＿＿＿。
4. 几何画板中，利用绘制参数曲线来绘制单位圆时，首先要新建＿＿＿＿＿＿和＿＿＿＿＿＿这两个函数作为参数。

5.12 上机练习

练习 1 绘制基本函数的图像

本练习是【绘图】菜单的应用，效果如图 5-51 所示。在制作课件的过程中，涉及本章学习的【绘图】菜单中绘制新函数的使用方法等知识。

主要制作步骤提示：

（1）新建一个几何画板文件。

（2）利用【绘图】菜单中的绘制新函数命令打开【新建函数】对话框。

（3）在【新建函数】对话框中输入 $y=\sin x$ 等函数式。

（4）右击函数图像，在弹出的快捷菜单中选择【属性】命令，打开【属性】对话框，设置图像的范围和是否显示箭头等属性。

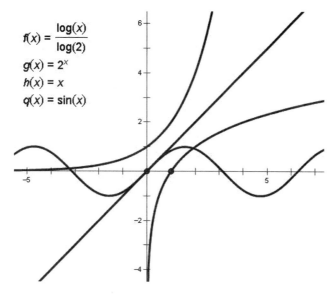

图 5-51　绘制基本函数的图像

练习 2　绘制带参数 4 次函数的图像

本练习是【绘图】菜单的应用，效果如图 5-52 所示。在制作课件的过程中，涉及本章学习的【绘图】菜单中绘制新函数、参数和输入数学公式等知识。

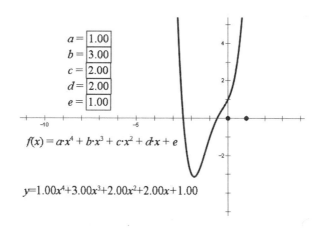

图 5-52　绘制带参数 4 次函数的图像

主要制作步骤提示：

（1）新建一个几何画板文件。

（2）利用【数据】菜单中的新建参数命令新建 5 个参数。

（3）利用【绘图】菜单中的绘制新函数命令打开【新建函数】对话框。

（4）在【新建函数】对话框中输入带参数的 4 次函数式。

（5）利用工具箱中的文本工具输入函数式，系数要通过链接文本方式输入到文本框中。

练习 3 绘制函数 $y = 2\sqrt{x}$ 的图像及切线

本练习是【绘图】菜单的应用，效果如图 5-53 所示。在制作课件的过程中，涉及本章学习的【绘图】菜单中绘制新函数和创建导函数等知识。

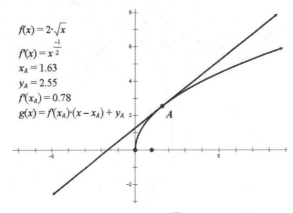

图 5-53 绘制函数 $y = 2\sqrt{x}$ 的图像及切线

主要制作步骤提示：

（1）新建一个几何画板文件。

（2）利用【绘图】菜单中的绘制新函数命令打开【新建函数】对话框。

（3）在【新建函数】对话框中输入 $y = 2\sqrt{x}$ 函数，并创建它的导函数。

（4）在图像上取一点 A，度量它的横、纵坐标，计算导函数在点 A 处的值，即切线斜率。

（5）利用 $y=k(x-a)+b$ 公式绘制切线的图像。

第 6 章

制作动画演示类课件

利用几何画板辅助教学可以制作出几乎所有想制作的动画，所制作出的点、线、面、体都可以在各自的路径上以不同的速率和方向移动，可以产生良好、强大的动态效果。几何画板所度量的角度或线段的长度及其他的一些数值也可以随着点、线、面、体的运动而不断地发生变化，非常接近于实际，可以更好地达到数形结合，给学生一个直观的印象，起到良好的教学效果。本章安排了十几个动画演示类课件实例，通过这些实例可以充分体会到利用几何画板制作动画的强大功能。

本章知识要点：

- 动画、移动和系列操作类按钮的应用。
- 点、线、面动画的应用。
- 形状渐变动画的应用。
- 三维立体几何动画的应用。
- 平等型多重动画的应用。
- 主从型多重动画的应用。

6.1 点在多边形上自由运动

视频讲解

几何画板 5.0 提供了点在多边形上运动的新功能，利用它可以解决一些以前无法解决的问题。例如，点在多边形上运动时路程与时间所形成的轨迹，这在以前是不好制作的，现在就可以很轻松地完成了。

6.1.1 课件简介

如图 6-1 所示，单击【动画点】按钮可以让点 C 在正方形上运动，同时会出现点 D 的相应运动轨迹；单击【显示轨迹】按钮可以显示完整的轨迹曲线。

6.1.2 知识要点

- 制作点动画的方法。
- 动画按钮的构造方法。

6.1.3 制作步骤

（1）单击【线段工具】 ✐ ，在画板合适位置绘制一条线段 AB 。

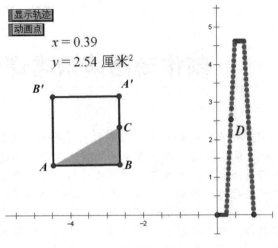

图 6-1　课件界面

（2）双击点 A，标记点 A 为变换中心点，选中点 B，执行【变换】|【旋转】命令，在弹出的【旋转】对话框中输入"90.0"度，如图 6-2 所示，单击【旋转】按钮，得到点 B'。

（3）按相同的方法，以点 B 为中心，顺时针旋转点 A，得到点 A'；单击【线段工具】，连接 4 点构成一个正方形 $ABA'B'$。单击【多边形工具】，以点 A 为起点按逆时针方向绘制正方形 $ABA'B'$，如图 6-3 所示。

图 6-2　【旋转】对话框

图 6-3　绘制正方形

（4）选中正方形 $ABA'B'$ 的内部，执行【构造】|【边界上的点】命令，构造点 C。选中点 C，执行【度量】|【点的值】命令，度量点 C 在正方形 $ABA'B'$ 上的值，将标签改为 x。其中，C 点从 A 点按 $A{\rightarrow}B{\rightarrow}A'{\rightarrow}B'{\rightarrow}A$ 移动时，所得的值为 $0{\rightarrow}1$。

（5）选中正方形 $ABA'B'$ 的内部，执行【显示】|【隐藏四边形】命令，依次选中点 C、A 和 B，执行【构造】|【三角形的内部】命令。

（6）选中△ABC 的内部，执行【度量】|【面积】命令，度量三角形的面积，将标签改为 y。

（7）依次选中 x 的值和 y 的值，执行【绘图】|【绘制点 (x,y)】命令，此时就在直角坐标系中绘制出点 D，如图 6-4 所示。

（8）将网格隐藏，依次选中点 D 和点 C，执行【构造】|【轨迹】命令，这时就得到点 C 在正方形边上运动时相应的△ABC 的面积曲线图了，如图 6-5 所示。

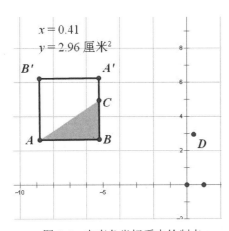

图 6-4 在直角坐标系中绘制点

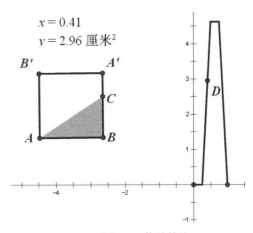

图 6-5 构造轨迹

（9）选中所构造的轨迹，执行【编辑】|【操作类按钮】|【隐藏/显示】命令，绘制【隐藏轨迹】按钮；单击按钮，把轨迹隐藏起来。

（10）选中点 C，执行【编辑】|【操作类按钮】|【动画】命令，弹出【操作类按钮动画点】对话框，单击【确定】按钮，绘制【动画点】按钮。

（11）选中点 D，执行【显示】|【追踪绘制的点】命令，单击【动画点】按钮，点 D 的运动轨迹就绘制好了，最终效果如图 6-1 所示。

（12）执行【文件】|【保存】命令，并以"点在多边形上自由运动"为文件名保存。

6.2 形状渐变动画应用

视频讲解

形状渐变动画在 Flash 等动画软件中是很基本的动画，以前的几何画板是实现不了这样的动画的，而几何画板 5.0 提供了这样的功能，可以轻易地实现形状渐变动画。

6.2.1 课件简介

如图 6-6 所示，单击【动画点】按钮，可以实现将五边形变为三角形的动画。

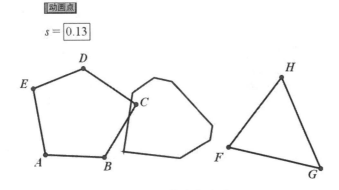

图 6-6 形状渐变动画

6.2.2 知识要点

- 新建参数的构造方法。
- 动画按钮的构造方法。

6.2.3 制作步骤

（1）单击【多边形和边工具】 ，在画板适当位置绘制一个五边形 $ABCDE$。

（2）执行【数据】|【新建参数】命令，新建一个参数 s，右击参数 s，在弹出的快捷菜单中选择【属性】命令，弹出【参数 s】对话框，单击【数值】选项卡，把 s 参数值改为大于 0 小于 1 的数；然后单击【参数】选项卡，把参数范围改为 0～1，如图 6-7 所示，单击【确定】按钮。

（3）选中五边形 $ABCDE$ 内部，执行【绘图】|【在五边形边上绘制点】命令，弹出【绘制给定数值的点】对话框，如图 6-8 所示；单击参数 s，此时输入框中就会自动输入参数 s；单击【绘制】按钮，绘制点 I。

图 6-7 参数属性对话框

图 6-8 在五边形边上绘制参数点

（4）按相同的方法，绘制一个△FGH，绘制点 J，完成后如图 6-9 所示。

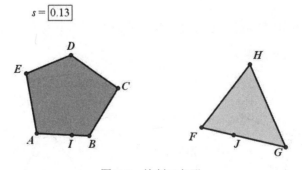

图 6-9 绘制三角形

（5）单击【线段工具】 ，绘制线段 IJ；选中线段 IJ，执行【构造】|【线段上的点】命令，绘制点 K。

（6）依次选中点 K 和参数 s，执行【构造】|【轨迹】命令，构造出轨迹，如图 6-10 所

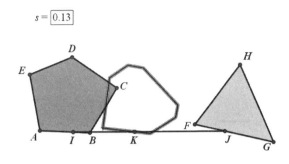

图 6-10　绘制三角形

示。此时就会出现从五边形变形到三角形过程中的图形。

（7）选中点 K，执行【编辑】|【操作类按钮】|【动画】命令，绘制【动画点】按钮；单击【动画点】按钮，就会出现从五边形变化到三角形和形状渐变动画了。隐藏不必要的对象，最终效果如图 6-6 所示。

（8）执行【文件】|【保存】命令，并以"形状渐变动画应用"为文件名保存。

注：按照本例的方法可以做出任意有创意的变形动画，如图 6-11 所示是一个人形变化成圆的动画。

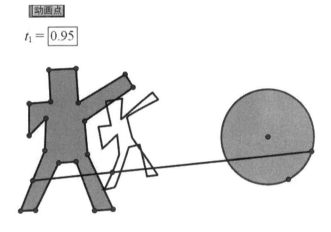

图 6-11　人形变圆动画

6.3　圆与圆的位置关系

视频讲解

　　圆是在学习了直线图形的有关性质的基础上来研究的一种特殊的曲线图形。它是常见的几何图形之一，在初中数学中占有重要地位。圆与圆的位置关系是在学习点与圆以及直线与圆的位置关系的基础上对圆与圆的位置关系进行的研究。可以通过课件让学生亲自动手实践，自主探究圆和圆的位置关系。

6.3.1 课件简介

如图 6-12 所示，单击课件中相应的按钮，可为学生演示各种情况的圆与圆的位置关系。

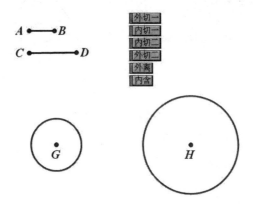

图 6-12 圆与圆的位置关系

6.3.2 知识要点

● 动画按钮的构造方法。
● 变换菜单的应用。

6.3.3 制作步骤

（1）单击【线段工具】![线段工具图标]，在画板适当位置绘制两条线段 *AB* 和 *CD*。

（2）单击【直线工具】![直线工具图标]，按住 Shift 键，在画板适当位置绘制直线 *EF*。

（3）单击【点工具】![点工具图标]，在直线 *EF* 上绘制两个点 *G*、*H*；依次选中点 *G* 和线段 *AB*，执行【构造】|【以圆心和半径绘圆】命令，构造圆 *G*；选中点 *H* 和线段 *CD*，按相同的方法构造圆 *H*。

（4）单击鼠标，绘制直线 *EF* 和圆 *H* 的交点 *I*、*J*。选中线段 *AB*，执行【度量】|【长度】命令，度量 *AB* 的长度。

（5）选中线段 *AB* 的度量值，执行【变换】|【标记距离】命令，选中点 *J*，执行【变换】|【平移】命令，在弹出的【平移】对话框中按固定角度为 0°平移，如图 6-13 所示。单击【平移】按钮，绘制平移点 *J'*。

（6）双击点 *J*，标记 *J* 为中心点，选中点 *J'*，执行【变换】|【旋转】命令，在弹出的【旋转】对话框中把角度改为 180°，如图 6-14 所示。单击【旋转】按钮，绘制平移点 *J''*。

（7）按相同的方法，以 *I* 为中心点，绘制 *I'* 和 *I''*（这里是按照线段 *AB* 的长平移 *I* 点），完成后如图 6-15 所示。

图 6-13 【平移】对话框   图 6-14 【旋转】对话框

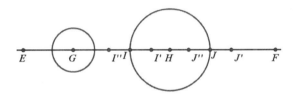

图 6-15 绘制点

（8）依次选中点 G 和点 I''，执行【编辑】|【操作类按钮】|【移动】命令，弹出【操作类按钮】对话框，把标签改为"外切一"，单击【确定】按钮。

（9）按相同的方法绘制"外切二""内切一""内切二"按钮，分别让 G 点移动到 J'、I' 和 J'' 点。

（10）单击【点工具】 · ，在直线 EF 上绘制两点：K 和 L，使得两圆外离和内含，同样绘制外离和内含按钮（选择点 K 让点 G 移动到点 K 时外离；选择点 L 使点 G 移动到点 L 时内含），完成后如图 6-16 所示。

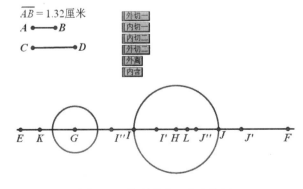

图 6-16 绘制外离、内含按钮

（11）隐藏不必要的对象，最终效果如图 6-12 所示。

（12）执行【文件】|【保存】命令，并以"圆与圆的位置关系"为文件名保存。

6.4 正方体展开动画

视频讲解

在进行正方体的展开与折叠的教学中，学生很难理解正方体的展开图，对学生的空间观念要求较高，通过本课件的演示，使学生更加形象立体地感知正方体的展开与折叠的过程，从而突破了难点，有利于提高学生的空间感。

6.4.1 课件简介

如图 6-17 所示，单击课件中的"展开一"～"展开五"按钮，可以使正方体一个一个面独立展开；单击课件中的【顺序 5 个动作】按钮，就会按顺序自动演示 6 个面的展开图动画，如要复原，只需拖动每个面的边或顶点即可。

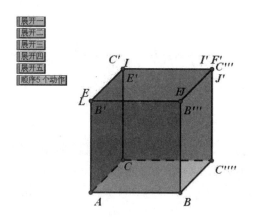

图 6-17 正方体展开动画

6.4.2 知识要点

- 动画按钮的构造方法。
- 【变换】菜单的综合应用。
- 【构造】菜单的综合应用。

6.4.3 制作步骤

（1）单击【线段工具】 ，在画板适当位置绘制一条线段 AB。

（2）双击点 A，标记点 A 为中心点，选中点 B，执行【变换】|【旋转】命令，把点 B

绕中心点 *A* 旋转 90°，得到点 *B'*。

（3）单击【线段工具】 ，连接线段 *AB'*，选中线段 *AB'*，执行【变换】|【旋转】命令，将线段 *AB'* 绕中心点 *A* 旋转–45°，得到线段 *AB''*。

（4）选中线段 *AB''*，执行【构造】|【中点】命令，构造线段 *AB''* 的中点 *C*，依次选中点 *A* 和点 *B'*，执行【变换】|【标记向量】命令，标记向量 *AB'*。选中点 *C*，执行【变换】|【平移】命令，按标记向量 *AB'* 平移出点 *C'*。单击【线段工具】 ，连接线段 *B'C'* 和 *CC'*。完成后如图 6-18 所示。

（5）依次选中点 *A* 和点 *B*，执行【变换】|【标记向量】命令，标记向量 *AB*。选中四边形 *AB'C'C*，执行【变换】|【平移】命令，按标记向量 *AB* 平移出四边形 *BB'''C'''C''''*。单击【线段工具】 ，连接线段 *B'B'''*、*C'C'''*、*CC''''*，完成后如图 6-19 所示，构造正方体。

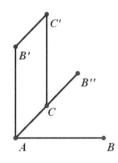

图 6-18　平移出点和线段

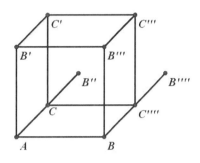

图 6-19　构造正方体

（6）双击点 *A*，标记点 *A* 为中心点。选中点 *B*，执行【变换】|【旋转】命令，旋转角度为 180°，绘制点 *D*。依次选中点 *A*、点 *B'* 和点 *D*，执行【构造】|【圆上的弧】命令，构造弧 *B'D*，在弧 *B'D* 上绘制点 *E*。依次选中点 *E* 和点 *A*，执行【构造】|【以圆心和圆周上的点绘圆】命令，构造圆 *E*。双击点 *E*，标记 *E* 点为中心点，选中点 *A*，执行【变换】|【旋转】命令，旋转角度为 180°，绘制点 *A'*；选中点 *A'*，执行【变换】|【旋转】命令，旋转角度为–90°，绘制点 *A''*，完成后如图 6-20 所示。

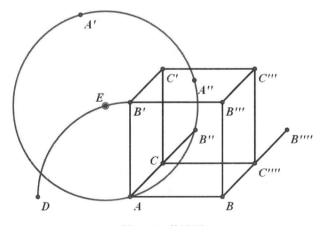

图 6-20　构造圆

（7）依次选中点 *E*、点 *A''* 和点 *A'*，执行【构造】|【圆上的弧】命令，构造弧 *A'A''*。

在弧 $A'A''$ 上取一点 F，依次选中点 B' 和点 C'，执行【变换】|【标记向量】命令，标记向量 $B'C'$；选中点 E 和点 F，执行【变换】|【平移】命令，按向量 $B'C'$ 平移出点 E' 和 F'；单击【线段工具】 ✏，连接线段 AE、EF、FF'、$F'E'$、$E'C$、CA、EE'，完成后如图 6-21 所示。这样就完成了上底面和左边侧面的展开四边形的制作。

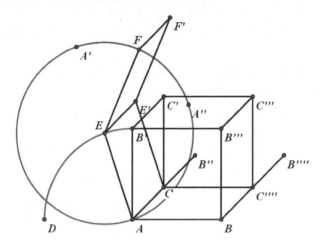

图 6-21　构造上底面和左侧面展开四边形

（8）单击【线段工具】 ✏，连接线段 $B''C'$。选中线段 $B''C'$，执行【构造】|【中点】命令，构造线段的中点 G；选中中点 G 和线段 $B''C'$，执行【构造】|【垂线】命令，构造的垂线与线段 AB' 相交于点 H；依次选中点 H、点 B'' 和点 C'，执行【构造】|【圆上的弧】命令，构造弧 $B''C'$；在弧 $B''C'$ 上任取一点 I，依次选中点 C 和点 C''''，执行【变换】|【标记向量】命令，标记向量 CC''''；选中点 I，执行【变换】|【平移】命令，按向量 CC'''' 平移出点 I'；单击【线段工具】 ✏，连接线段 CI、II'、$I'C''''$，完成后如图 6-22 所示。这样就完成了背面的展开四边形的制作。

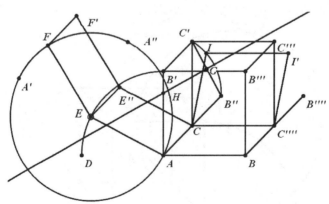

图 6-22　构造背面处展开四边形

（9）按相同的方法绘制另外两个面的展开四边形，隐藏辅助线段和圆 E，完成后如图 6-23 所示，图中每条弧相对应的就是正方体的一个展开面。

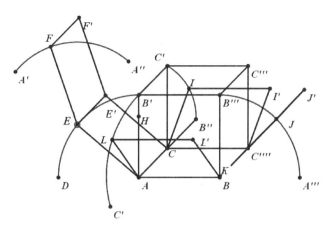

图 6-23 构造剩余的两个展开四边形

（10）依次选中点 F 和点 A'，执行【编辑】|【操作类按钮】|【移动】命令，在弹出的对话框中单击【确定】按钮，绘制"移动 F→A'"按钮，按相同的方法绘制另外 4 个移动按钮。

（11）选中四边形 EFF'E'，执行【构造】|【四边形的内部】命令，按相同的方法构造另外 5 个面的内部，把不必要的弧和点隐藏起来，完成后如图 6-24 所示。

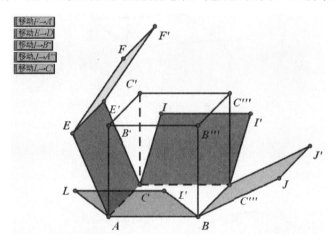

图 6-24 构造四边形内部并隐藏辅助对象

（12）全选 5 个移动按钮，执行【编辑】|【操作类按钮】|【系列】命令，弹出【系列】对话框，在【系列按钮】选项卡中选中【依序执行】单选按钮，如图 6-25 所示，单击【确定】按钮。

（13）修改好按钮标签，单击【顺序 5 个动作】按钮，就会按顺序自动演示 6 个面的展开图动画，如要复原，则只需拖动每个面的边或顶点即可。最终效果如图 6-17 所示。

图 6-25 【系列】对话框

视频讲解

（14）执行【文件】|【保存】命令，并以"正方体展开动画"为文件名保存。

6.5 旋转的正方体

在"长方体、立方体的认识"教学中，利用旋转的正方体课件，可以让学生更好地了解和感知正方体。

6.5.1 课件简介

如图 6-26 所示，单击课件中的【旋转正方体】按钮，可以使正方体旋转起来；拖动点 B 和点 C 可以改变正方体的形状；拖动点 D 可以旋转正方体。

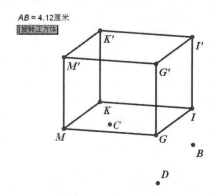

图 6-26 旋转的正方体

6.5.2 知识要点

- 动画按钮的构造方法。
- 【构造】菜单的综合应用。

6.5.3 制作步骤

（1）单击【圆工具】⊙，在画板适当位置绘制两个同心圆 A。

（2）单击【直线工具】✐，过圆心 A 绘制一条直线 j，利用【点工具】·在大圆上绘制一个点 D。

（3）单击【线段工具】✐，绘制线段 AD，线段 AD 与小圆相交于点 E。

（4）选中点 D 和直线 j，执行【构造】|【垂线】命令，构造垂线 k。

（5）选中点 E 和直线 k，执行【构造】|【垂线】命令，构造垂线 l，垂线 k 和 l 相交于点 G，如图 6-27 所示。

（6）双击圆心 A，标记点 A 为中心点。选中点 D，执行【变换】|【旋转】命令，旋转 $90°$ 得到点 D'。选中点 D'，按相同的方法旋转 $90°$ 得到点 D''。同样地，旋转出 D'''。

（7）按前面构造点 G 的方法，构造 I、K、M 三点，如图 6-28 所示。

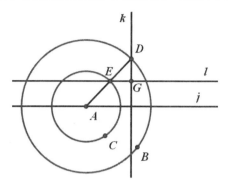

图 6-27　绘制同心圆构造交点 G

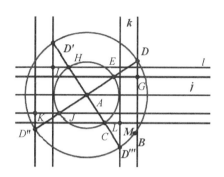

图 6-28　构造 I、K、M 三点

（8）隐藏不必要的点和线，保留如图 6-29 所示的对象。

（9）选中点 A 和点 B，执行【度量】|【距离】命令，度量距离 AB；选中点 G，执行【变换】|【平移】命令，单击度量值 AB，在弹出的【平移】对话框中按标记距离平移，如图 6-30 所示，单击【平移】按钮，平移出点 G'。

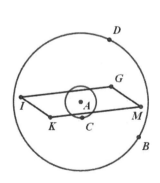

图 6-29　隐藏不必要的点和线

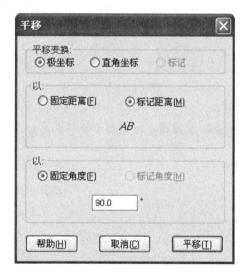

图 6-30　【平移】对话框

（10）按相同的方法，平移出点 I'、点 K'、点 M'，单击【线段工具】，绘制正方体 $GIKM$-$G'I'K'M'$，如图 6-31 所示。

（11）选中点 D，执行【编辑】|【操作类按钮】|【动画】命令，在弹出的对话框中，把标签改为"旋转正方体"，其他参数不变，单击【确定】按钮。

（12）隐藏不必要的对象，最终效果如图 6-26 所示。

（13）执行【文件】|【保存】命令，并以"旋转的正方体"为文件名保存。

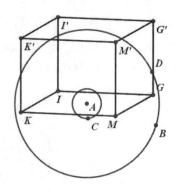

图 6-31　绘制正方体

视频讲解

6.6　利用空间坐标系绘制三个平面两两相交

学生在高中学习立体几何之前，虽然在现实生活中接触到的东西都是立体的、三维的，但他们很少有意识地思考过立体、空间问题。高中学生，特别是女生，很少有立体、空间概念。学生初次接触立体几何没有空间想象力，这时需要教师的培养。通过立体几何中的三个平面将立体空间分成几部分这个问题，可以使学生有较好的直观认识，培养他们的空间想象力，为以后立体几何的学习打下良好的基础。

6.6.1　课件简介

如图 6-32 所示，单击课件中的【缩放坐标系】按钮，可以改变图形的大小；单击课件中的【上下旋转】按钮，可以上下旋转图形；单击课件中的【左右旋转】按钮，可以左右旋转图形。

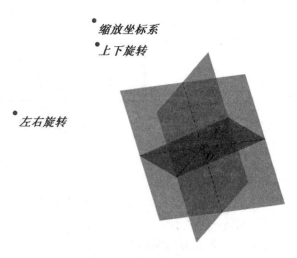

图 6-32　利用空间坐标系绘制三个平面两两相交

6.6.2　知识要点

● 自定义工具的方法。
● 【变换】菜单的综合应用。

6.6.3　制作步骤

（1）单击【圆工具】 ，在画板适当位置绘制圆 A。

（2）单击【直线工具】 ，过圆心 A 和圆上的点 B 绘制一条直线 AB；选中点 A 和直线 AB，执行【构造】|【垂线】命令，构造出垂线。

（3）过点 C 和点 D 绘制直线 AB 的垂线，与直线 AB 交于点 E 和点 F；过点 C 和点 D 绘制直线 AB 的平行线，与步骤（2）构造出的垂线交于点 G 和点 H，如图 6-33 所示。

（4）双击圆心 A，标记点 A 为中心点，选中点 G，执行【变换】|【旋转】命令，旋转 $90°$ 得到点 G'；单击【线段工具】 ，绘制线段 BH；依次选中点 G' 和线段 BH，执行【构造】|【平行线】命令，构造平行线 $G'I$；按同样的方法，过点 E 绘制平行线 EJ，如图 6-34 所示。

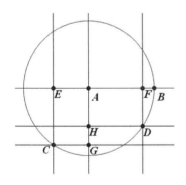

图 6-33　绘制平行线和垂线

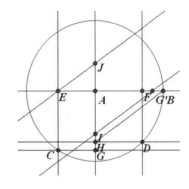

图 6-34　绘制平行线 $G'I$ 和 EJ

（5）依次选中点 J 和点 A，执行【变换】|【标记向量】命令，标记向量 JA；选中点 G'，执行【变换】|【平移】命令，按标记平移出点 G''；依次选中点 A 和点 I，执行【变换】|【标记向量】命令，标记向量 AI；选中点 E，执行【变换】|【平移】命令，按标记平移出点 E'。

（6）双击圆心 A，标记点 A 为中心点，选中点 F，执行【变换】|【旋转】命令，旋转 $90°$ 得到点 F'；单击【线段工具】 ，绘制线段 AE'、AF'、AG''，这样就完成了空间坐标系的构造，完成后如图 6-35 所示。

（7）隐藏不必要的对象，把点标签 E'、F'、G'' 分别改为 x、z、y，把点标签 C、D 和 B 分别改为"左右旋转""上下旋转"和"缩放坐标系"，完成后如图 6-36 所示。

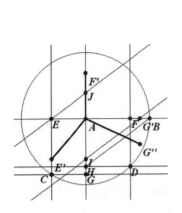

图 6-35　绘制坐标系的三条坐标轴

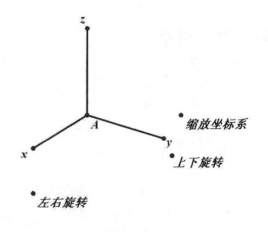

图 6-36　隐藏不必要的对象和修改标签

（8）执行【文件】|【保存】命令，并以"空间坐标系"为文件名保存。将其作为一个自定义工具，以后就可以利用它来绘制可控的三维立体几何图形了。下面用它来绘制三个平面两两相交的动画。

（9）新建一个画板文件，把空间坐标系复制到这个文件的画板里面，在画板适当位置取一点 O，依次选中点 A 和点 O，执行【变换】|【标记向量】命令，标记向量 AO；选中坐标系的 x、y、z 三点，执行【变换】|【平移】命令，按标记平移出点 x'、y'、z'，完成后如图 6-37 所示。

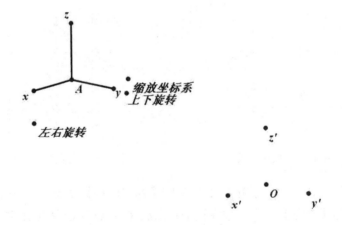

图 6-37　平移坐标系三点

（10）双击点 O，标记点 O 为中心点。选中三点 x'、y'、z'，执行【变换】|【旋转】命令，按 180° 角旋转出 x''、y''、z'' 三点。

（11）依次选中点 O 和点 z'，执行【变换】|【标记向量】命令，标记向量 Oz'；选中 4 点 x'、x''、y'、y''，执行【变换】|【平移】命令，按标记平移出点 x''、x'''、y''、y'''；按相同的方法，标记向量 Oz''，平移出另外 4 点，完成后如图 6-38 所示。

（12）单击【多边形工具】 ，绘制三个两两相交的四边形，完成后如图 6-39 所示。

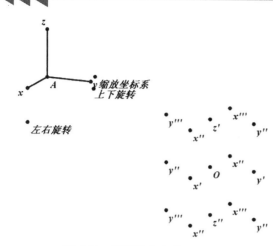

图 6-38　平移出 8 个点

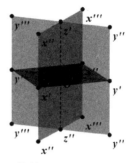

图 6-39　绘制两两相交的三个四边形

（13）隐藏不必要的对象，最终效果如图 6-32 所示。

（14）执行【文件】|【保存】命令，并以"利用空间坐标系绘制三个平面两两相交"为文件名保存。

6.7　正方体的截面

用平面去截一个几何体，截面的情况可以帮助更好地认识几何体。对于一个几何体，不同的截取方式所得截面可能出现不同的情况。本课件主要探索用平面截正方体所得截面的形状。

视频讲解

6.7.1　课件简介

如图 6-40 所示，单击课件中的【缩放坐标系】按钮，可以改变图形的大小；单击课件中的【上下旋转】按钮，可以上下旋转图形；单击课件中的【左右旋转】按钮，可以左右旋转图形；拖动点 S 和点 R 可以改变平面的位置，从而改变截面的形状。

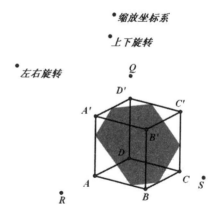

图 6-40　正方体的截面

6.7.2　知识要点

- 自定义工具的方法。
- 【变换】和【构造】菜单的综合应用。

6.7.3　制作步骤

（1）新建一个画板文件，将 6.6 节中的空间坐标系复制到这个文件的画板里面，在画

板适当位置取一点 O，依次选中点 A 和点 O，执行【变换】|【标记向量】命令，标记向量 AO；依次选中坐标系的 x、y、z 三点，执行【变换】|【平移】命令，按标记平移出点 x'、点 y'、点 z'，完成后如图 6-37 所示。

（2）依次选中点 O 和点 z'，执行【变换】|【标记向量】命令，标记向量 Oz'；选中点 x'，执行【变换】|【平移】命令，按标记平移出点 x''。依次选中点 O 和点 y'，执行【变换】|【标记向量】命令，标记向量 Oy'；依次选中点 z'、点 x''、点 x'，执行【变换】|【平移】命令，按标记平移出点 z''、点 x'''、点 x''；单击【线段工具】$/$，将前面这些点连成一个正方体，并将顶点的标签修改好，构造正方体 $ABCD\text{-}A'B'C'D'$，完成后如图 6-41 所示。注意，这里操作应该按照坐标系放置的方向来进行，不同的放置方向操作会有所不同。

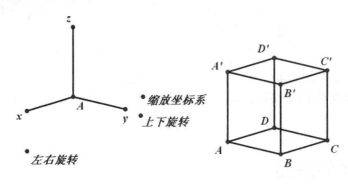

图 6-41　构造正方体 $ABCD\text{-}A'B'C'D'$

（3）单击【直线工具】$/$，绘制过正方体 6 条棱的直线，完成后如图 6-42 所示。

（4）单击【点工具】$\cdot$，在直线 DD'、AD 和 DC 上分别取点 Q、点 R 和点 S，单击【直线工具】$/$，绘制直线 QR、RS、SQ。

（5）选中直线 QR 和直线 $D'A'$，执行【构造】|【交点】命令，构造交点 T；按同样的方法构造直线 RS 和直线 AB 的交点 U。完成后如图 6-43 所示。

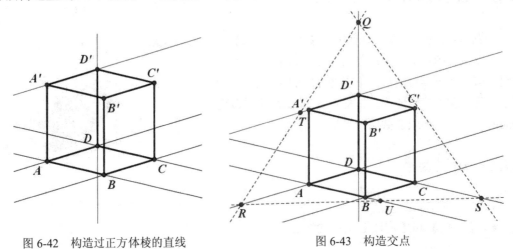

图 6-42　构造过正方体棱的直线　　　　图 6-43　构造交点

（6）依次选中点 T 和直线 RS，执行【构造】|【平行线】命令，构造直线 RS 的平行线 l；按同样的方法过点 U 构造直线 QS 的平行线 j。

（7）为了看得清楚，先把步骤（3）所绘制的 6 条直线隐藏起来，依次选中直线 QR 和

棱 *A'D'*，执行【构造】|【交点】命令，构造直线和正方体棱的交点；按相同的方法构造其他直线与正方体的棱的交点，如图 6-44 所示。

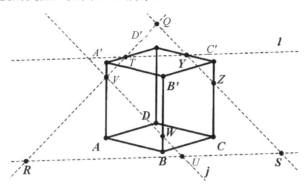

图 6-44　构造直线与棱的交点

（8）单击【多边形工具】，绘制出直线与棱的交点所构成的多边形，即为截面，如图 6-45 所示。

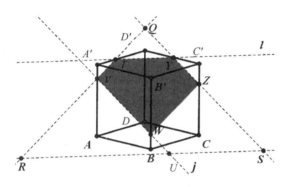

图 6-45　绘制截面多边形

（9）拖动点 *Q*、点 *R* 和点 *S*，使得直线和棱的交点构成不同的多边形，按前面的方法绘制出不同的截面多边形。

（10）隐藏不必要的对象，最终效果如图 6-40 所示。

（11）执行【文件】|【保存】命令，并以"正方体的截面"为文件名保存。

6.8　七巧板

七巧板也称"七巧图"，是中国著名的拼图玩具。因其设计科学，构思巧妙，变化无穷，能活跃形象思维，启发儿童智慧，所以深受欢迎。

视频讲解

6.8.1　课件简介

如图 6-46 所示，拖动点 *A* 或点 *B* 改变线段 *AB* 的长度，可以改变七巧板的大小；拖动每块板的红色顶点，可以转动每块板；拖动每块板的多边形内部，可以拖动板块。

6.8.2 知识要点

- 工具箱中各种工具的综合应用。
- 【变换】菜单的综合应用。

6.8.3 制作步骤

图 6-46 七巧板

（1）单击【线段工具】 ，在画板适当位置绘制一条直线 *AB*。

（2）双击点 *A*，标记点 *A* 为中心点；选中点 *B*，执行【变换】|【旋转】命令，将点 *B* 旋转 90°，得到点 *B'*；按相同的方法，标记点 *B* 为中心点，将点 *A* 旋转–90°，得到点 *A'*；单击【多边形工具】 ，绘制正方形 *ABA'B'*。

（3）单击【线段工具】 ，绘制线段 *BB'*。选中线段 *AB* 和 *AB'*，执行【构造】|【中点】命令，构造中点 *C* 和点 *D*。单击【线段工具】 ，绘制线段 *CD*；选中线段 *CD*，执行【构造】|【中点】命令，构造中点 *E*。单击【线段工具】 ，绘制线段 *EA'*，线段 *EA'* 与线段 *BB'* 相交于点 *F*。

（4）单击【线段工具】 ，绘制线段 *BF* 和线段 *B'F*。选中线段 *BF* 和 *B'F*，执行【构造】|【中点】命令，构造中点 *G* 和点 *H*。单击【线段工具】 ，绘制线段 *EG* 和线段 *CH*。这样就把正方形分割成了 7 块，有 5 块三角形板、1 块平行四边形板和 1 块正方形板，如图 6-47 所示。

（5）单击【点工具】 ，在画板的适当位置绘制一个点 *I*；依次选中点 *I* 和线段 *FB'*，执行【构造】|【以圆心和半径绘圆】命令，绘制圆 *I*；单击【点工具】 ，在圆 *I* 上取一点 *J*；双击圆心点 *I*，将点 *I* 标记为中心点；选中点 *J*，执行【变换】|【旋转】命令，将点 *J* 旋转 90°，得到点 *J'*，

（6）单击【多边形和边工具】 ，绘制三角形 *IJJ'*，这样就完成了第一块三角形板的绘制，如图 6-48 所示。

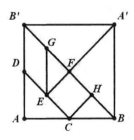

图 6-47 分割正方形

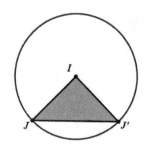

图 6-48 绘制第一块三角形板

（7）剩下的 4 块三角形的绘制方法和第一个三角形一样，都是在画板适当位置取一点为圆心，以三角形的直角边为半径绘制圆，完成后如图 6-49 所示。

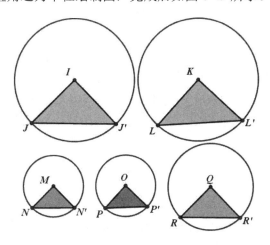

图 6-49　绘制剩下的 4 块三角形板

（8）单击【线段工具】 ，绘制线段 *CF*；选中线段 *CF*，执行【构造】|【中点】命令，构造中点 *S*；单击【线段工具】 ，绘制线段 *SF*；单击【点工具】 ，在画板适当位置绘制一点 *T*；依次选中点 *T* 和线段 *SF*，执行【构造】|【以圆心和半径绘圆】命令，构造圆 *T*。

（9）单击【点工具】 ，在圆 *T* 上取一点 *U*；双击圆心点 *T*，将点 *T* 标记为中心点；选中点 *U*，执行【变换】|【旋转】命令，将点 *J* 旋转 90°，得到点 *U'*；这样再重复两次，得到另外两点：*U''* 和点 *U'''*；单击【多边形和边工具】 ，绘制正方形 *UU'U''U'''*，这样就完成了正方形板的绘制，如图 6-50 所示。

（10）单击【点工具】 ，在画板的适当位置绘制一点 *V*；依次选中点 *V* 和线段 *B'G*，执行【构造】|【以圆心和半径绘圆】命令，绘制圆 *V*。

（11）单击【点工具】 ，在圆 *V* 上取一点 *W*；双击圆心点 *V*，将点 *V* 标记为中心点；选中点 *W*，执行【变换】|【旋转】命令，将点 *W* 旋转 90°，得到点 *W'*；双击圆心点 *W'*，将点 *W'* 标记为中心点；选中点 *V*，执行【变换】|【旋转】命令，将点 *V* 旋转 –90°，得到点 *V'*。单击【多边形和边工具】 ，绘制平行四边形 *WW'V'V*，完成后如图 6-51 所示。

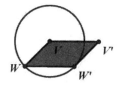

图 6-50　绘制正方形板　　　　　　　图 6-51　绘制平行四边形板

（12）隐藏不必要的对象，最终效果如图 6-46 所示。

（13）执行【文件】|【保存】命令，并以"七巧板"为文件名保存。

视频讲解

6.9   制作太阳、地球和月亮动画

在几何画板中，除了简单的单独运动，那些由多个运动组成的运动，都称为多重运动。多重运动有两种：平等型多重运动和主从型多重运动。平等型多重运动的例子在 6.3 节圆和圆的位置关系中已经说明，本例主要说明如何制作主从型多重运动动画。主从型多重运动一般由两个或两个以上的运动组成，就像本例中的地球绕太阳转，而月亮绕地球转，从而使得月亮也绕着太阳转。

6.9.1   课件简介

如图 6-52 所示，单击课件中的【开始动画】按钮，就会出现地球、月亮绕太阳转的动画。

图 6-52   太阳、地球和月亮动画

6.9.2   知识要点

- 主从型多重运动的应用。
- 【系列】按钮的构造方法。

6.9.3   制作步骤

（1）执行【文件】|【打开】命令，打开素材中的"例 5.4.4 单圆法绘制椭圆.gsp"。
（2）将不必要的对象隐藏，如图 6-53 所示。
（3）单击【点工具】 ，在椭圆上取一点 *F*；单击【线段工具】 ，在画板适当位置绘制一条线段 *GH*；依次选中点 *F* 和线段 *GH*，执行【构造】|【以圆心和半径绘圆】命令，绘制圆 *F*。
（4）单击【点工具】 ，在圆 *F* 上取一点 *I*；利用绘图软件制作出太阳、月亮和地球的图形，也可以在网上下载相关的图片；选中点 *F1*，把太阳图片粘贴到点 *F1* 处；选中点

F，把地球图片粘贴到点 *F* 处；按相同的方法，把月亮图片粘贴到点 *I* 处，完成后如图 6-54
所示。

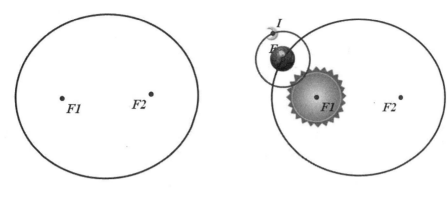

图 6-53　绘制椭圆　　　　　　　图 6-54　构造动画模型

（5）选中点 *F*，执行【编辑】|【操作类按钮】|【动画】命令，弹出【动画】按钮对话
框，如图 6-55 所示，单击【确定】按钮，构造出点 *F* 在椭圆上运动的动画按钮。

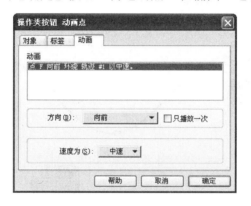

图 6-55　【动画】按钮对话框

（6）按步骤（5）的方法构造出点 *I* 在圆 *F* 上运动的动画按钮；选中两个动画按钮，执
行【编辑】|【操作类按钮】|【系列】命令，弹出【系列】对话框；选中【同时执行】单选
按钮，如图 6-56 所示，构造出【系列两个动作】按钮，如图 6-57 所示。

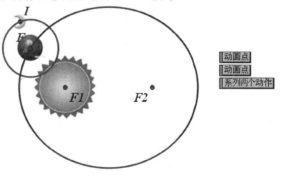

图 6-56　【系列】对话框　　　　　　图 6-57　【系列两个动作】按钮

（7）隐藏不必要的对象，把【系列两个动作】按钮的标签改为"开始动画"，最终效果如图 6-52 所示。

（8）执行【文件】|【保存】命令，并以"制作出太阳、地球和月亮动画"为文件名保存。

6.10　弹簧振子动画

视频讲解

当学生学习到弹簧振子一节时，总是感到问题比较抽象不易理解，通过本课件可以把抽象的问题形象化，以辅助其学习。本例也是主要说明如何制作主从型多重运动动画。

6.10.1　课件简介

如图 6-58 所示，单击课件中的【动画点】按钮，可以使弹簧开始振动；单击课件中的【显示/隐藏轨迹】按钮，可以显示或隐藏点 I 的轨迹。

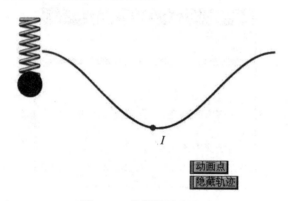

图 6-58　弹簧振子动画

6.10.2　知识要点

- 主从型多重运动的应用。
- 动画按钮的构造方法。

6.10.3　制作步骤

（1）执行【绘图】|【定义坐标系】命令，执行【绘图】|【隐藏网格】命令，建立直角坐标系。

（2）单击【点工具】，在 x 轴上取一点 A；单击【线段工具】，连接坐标原点和 (1,0) 点，绘制 1 个单位长度的线段。

（3）依次选中点 *A* 和单位长度的线段，执行【构造】|【以圆心和半径绘圆】命令，构造圆 *A*，如图 6-59 所示。

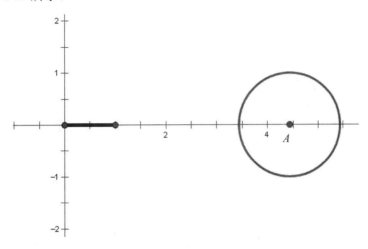

图 6-59　绘制圆 *A*

（4）单击【点工具】，在圆 *A* 上取一点 *B*；依次选中点 *B* 和 *x* 轴，执行【构造】|【平行线】命令，构造直线 *l*。直线 *l* 与 *y* 轴相交于点 *C*。

（5）执行【绘图】|【绘制点】命令，在弹出的对话框中输入"0"和"–1"，绘制点（0, –1），如图 6-60 所示，单击【绘制】按钮。

（6）单击【点工具】，在 *y* 轴适当位置上取一点 *E*；选中点 *E*，执行【变换】|【平移】命令，把 *E* 点往左平移一个单位，平移出点 *E*′，弹出的对话框设置如图 6-61 所示。

图 6-60　【绘制点】对话框

图 6-61　【平移】对话框

（7）按步骤（6）的方法，将点 *C* 往左平移一个单位，平移出点 *C*′；单击【线段工具】，绘制线段 *CC*′；选中线段 *CC*′，执行【构造】|【中点】命令，构造中点 *F*；依次选中中点 *F* 和点 *C*，执行【构造】|【以圆心和圆周上的点绘圆】命令，构造圆 *F*。

（8）利用绘图软件制作出弹簧的图形，也可以在网上下载相关的图片，如图 6-62 所示。复制好图片，依次选中点 E' 和点 C，将弹簧图片粘贴在这两点之间。完成后的效果如图 6-62 所示。

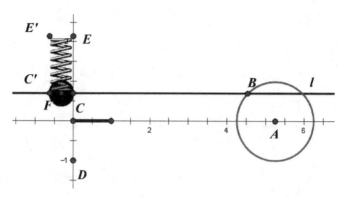

图 6-62   制作弹簧模型

（9）单击【点工具】 ·，绘制圆 A 和 x 轴的交点 H；依次选中点 B、点 A 和点 H，执行【度量】|【角度】命令，度量出 $\angle BAH$；执行【编辑】|【参数选项】命令，在【参数选项】对话框中将角的单位改为"弧度"，如图 6-63 所示。

（10）执行【数据】|【计算】命令，计算 $\angle BAH+\pi$ 的值，弹出的对话框设置如图 6-64 所示。

图 6-63 【参数选项】对话框

图 6-64 【新建计算】对话框

（11）执行【数据】|【计算】命令，计算 $\cos(\angle BAH+\pi)$ 的值，弹出的对话框设置如图 6-65 所示。

（12）依次选中数值 $\angle BAH+\pi$ 和数值 $\cos(\angle BAH+\pi)$，执行【绘图】|【绘制点(x,y)】命令，绘制点 I。

（13）选中点 B，执行【编辑】|【操作类按钮】|【动画】命令，在弹出的对话框中设置好相关参数，如图 6-66 所示。

图 6-65　【新建计算】对话框

图 6-66　【动画】按钮对话框

（14）依次选中点 I 和点 B，执行【构造】|【轨迹】命令，构造点 I 的运行轨迹。选中轨迹，执行【编辑】|【操作类按钮】|【隐藏\显示】命令，绘制隐藏和显示按钮。完成后如图 6-67 所示。

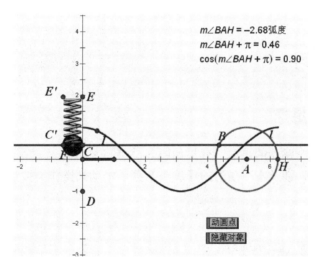

图 6-67　构造轨迹

（15）隐藏不必要的对象，最终效果如图 6-58 所示。

（16）执行【文件】|【保存】命令，并以"弹簧振子动画"为文件名保存。

6.11　本章习题

一、选择题

1. 在几何画板中，运动控制台在（　　　）菜单中。

    A.【编辑】   B.【显示】

    C.【变换】   D.【绘图】

2. 在几何画板中，如果没画轨迹，那么动画的方向是（   ）。

    A. 顺时针   B. 逆时针

    C. 自由   D. 双向

3. 在几何画板的动画按钮中没有的方向属性是（   ）。

    A. 向前   B. 向右   C. 随机   D. 自由

4. 几何画板中选中对象的"动画"的速度有（   ）。

    A. 慢   B. 其他

    C. 快   D. 以上都有

二、填空题

1. 几何画板中，要想构造轨迹，先要依次选中产生轨迹的点和它的_____点。

2. 几何画板中，要想看到点动画轨迹，操作是_____追踪点。

3. 利用几何画板中的移动操作类按钮可以制作_____动画。

4. 利用几何画板中的移动操作类按钮来移动点时，可以指定点移到_____或是回到_____。

6.12　上机练习

练习 1　跳动的足球

    本练习是制作一个跳动的足球，效果如图 6-68 所示，单击【动画点】按钮观看动画。在制作动画的过程中，涉及本章学习的【编辑】菜单中动画操作类按钮和标记工具的使用方法等知识。

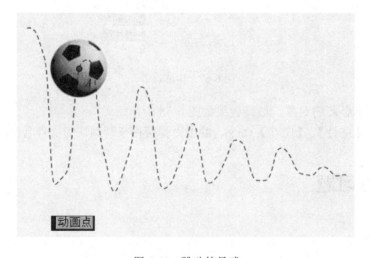

图 6-68　跳动的足球

主要制作步骤提示：

（1）新建一个几何画板文件。

（2）利用工具箱中的标记工具绘制如图 6-69 所示的曲线。

图 6-69　利用标记工具绘制曲线

（3）选中曲线，利用【数据】菜单中的【创建绘图函数】命令构造函数并把图像画出来，如图 6-70 所示。

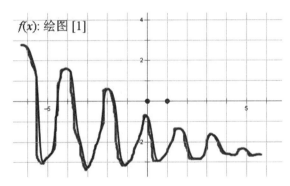

图 6-70　绘制函数曲线

（4）在曲线上取一点 A，在网上找一张足球的图片，将图片粘贴到点 A 上。

（5）使用【编辑】菜单构造点 A 的动画操作类按钮，把不必要的对象隐藏。

练习 2　制作圆锥的形成动画

本练习是制作线段旋转得到圆锥侧面的动画，效果如图 6-71 所示，单击【动画点】按钮观看动画。在制作课件的过程中，涉及本章学习的【显示】菜单中追踪线段、构造椭圆和构造动画按钮等知识。

主要制作步骤提示：

（1）新建一个几何画板文件。

（2）利用所学知识绘制一个椭圆。

（3）在椭圆上取一点 H，构造和椭圆面垂直的直线上的一点 I，构造线段 HI。

（4）使用【编辑】菜单构造点 H 的动画操作类按钮。

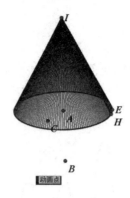

图 6-71　绘制基本函数的图像

（5）选中线段 *HI*，利用【显示】菜单中的追踪线段绘制圆锥的侧面，把不必要的对象隐藏。

练习 3　制作直线和圆的位置关系动画

本练习是制作直线和圆的位置关系动画，效果如图 6-72 所示，单击按钮观看动画。在制作课件的过程中，涉及本章学习的【编辑】菜单中移动操作类按钮的使用方法等知识。

主要制作步骤提示：

（1）新建一个几何画板文件。

（2）绘制一条直线 *AB*，在直线 *AB* 上任取点 *C* 和点 *G*；再绘制一条线段 *DE*。

（3）选中点 *C* 和线段 *DE* 绘制一个圆；选中点 *G*，绘制直线 *AB* 的垂线。

（4）构造圆 *C* 和直线 *AB* 的交点 *F*；选中 *CF*，构造线段 *CF* 及它的中点 *H*。

（5）双击点 *C*，选中点 *F*，把它缩放 3:1 得到 *F'*，完成后如图 6-73 所示。

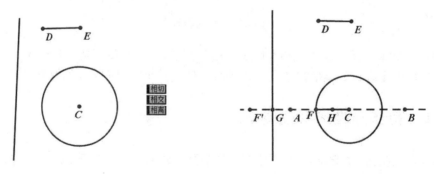

图 6-72　直线和圆的位置关系　　　　　　图 6-73　绘制图形

（6）依次选中点 *G* 和点 *F*，构造移动操作类按钮，将标签改为"相切"；按相同的方法，依次选中点 *G* 和点 *H* 构造"相交"，依次选中点 *G* 和点 *F'* 构造"相离"。

（7）隐藏不必要的对象并保存。

第 7 章

几何画板课件与课程整合应用

几何画板能很好地融入我们的日常教学中，能在绘制函数图像，解析几何图形、立体几何图形，自主探究与实验操作等方面与课堂实现完美的整合，从而大大提高课堂效率。本章将通过几何画板在数学课堂教学中的具体应用和两个课程整合典型案例来说明几何画板课件与课程整合应用的方法与技巧。

本章知识要点：
- 几何画板课件与课程的整合方式。
- 几何画板课件与课程整合典型案例。

7.1 几何画板课件与课程的整合方式

几何画板既能创设情境又能让学生主动参与，所以能有效地激发学生的学习兴趣，使抽象、枯燥的数学概念变得直观、形象，使学生从害怕、厌恶数学变成对数学喜爱并乐意学数学。让学生通过做"数学实验"去主动发现、主动探索，不仅使学生的逻辑思维能力、空间想象能力和数学运算能力得到较好的训练，而且还有效地培养了学生的发散思维和直觉思维。几何画板与课程整合应用于创设情境、自主探究、动态演示、概念教学、辅助解题和参数讨论这几个方面。

7.1.1 应用于创设情境

视频讲解

建构主义认为，学习应在与现实情境相类似的情境中进行。正应了句古老的格言：人是环境之子。在实际情境下进行学习，可以使学习者利用自己原有的认知结构中的有关经验，去同化和索引当前要学习的新知识，从而获得对新知识的创造性的理解。几何画板可以帮助我们营造一个良好的数学环境。学生的求知欲望是对新异事物进行积极探究的一种心理倾向，是学生主动观察事物、反复思考问题的强大内动力。由于几何画板能够准确、动态地表达几何现象，这就为认识几何现象与规律创设了很好的情境，成为激发学生学习兴趣和求知欲的最有效的策略之一。

1. 创设现实生活中的问题情境

新课程的一个重要理念就是为学生提供"做"数学的机会，让学生在学习过程中经历数学、发现数学、理解数学、体验数学。也就是说，在数学教学中不仅要讲数学知识，而且要让学生经历数学知识的形成过程。几何画板可以在数学知识生成的关键点上创设问题情境，通过问题的探讨，实现知识上的突破。

例 7-1 指数函数中的细胞分裂。

本课件是以 2003 年"非典"相关图片及"非典"细胞研究图引出"非典"细胞的分裂演示作为情境引导学生进入指数函数的学习。由分裂演示提炼出病毒细胞次数和个数的一组数据总结出指数函数的形式。课件界面如图 7-1 所示。单击课件中的相应按钮，就可以演示分裂动画。课件制作简单实用，通过制作【隐藏/显示】按钮来控制细胞分裂；单击【分裂】按钮，可以完整演示动画过程；单击【还原】按钮，可以还原为初始状态。

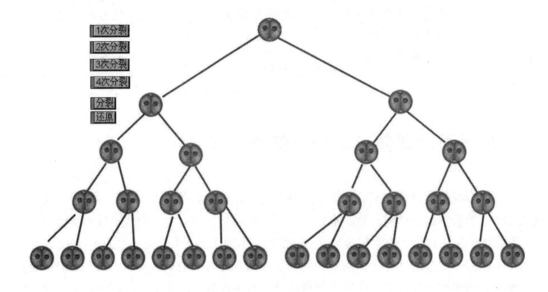

图 7-1　课件界面

通过生活情境的创设，激发了学生的学习兴趣和求知欲，使抽象、枯燥的数学概念变得直观、形象，让学生不再害怕数学。

本课件能充分体现几何画板的方便快捷优势，能利用最少的时间制作出想要的动画效果，如果用其他软件制作将会花更多的时间和精力。

2. 创设数学活动和数学实验情境

几何画板的最大优势是能够为学生提供丰富的数学实验情境，让学生通过动脑思考，动手操作，在"做"数学中学到知识，获得成就感，体会到学习数学的无穷乐趣。

例 7-2 椭圆的概念教学。

在进行椭圆的概念的教学时，可以让学生利用几何画板课件探索椭圆概念的形成过程。打开素材中的"例 6-9 单圆法绘制椭圆.gsp"，把不相关的对象隐藏，度量出 F_1F_2、AF_1、AF_2 的值并计算出 AF_1+AF_2 的值，构造【作图】按钮、【显示轨迹】按钮和【改变 $2a$ 的值】按钮，如图 7-2 所示。

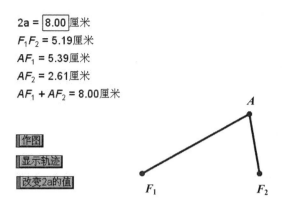

图 7-2　课件界面

　　让学生单击【作图】按钮，画出一个椭圆，然后提出问题思考讨论，创设让学生实践操作的问题情境。

　　问题一：如何画椭圆？引导观察椭圆上的点有何特征（$2a$ 的值大于两定点之间的距离 F_1F_2 时，可以绘制出椭圆）（学生动手实验后得出的结果是椭圆）。结果如图 7-3 所示。

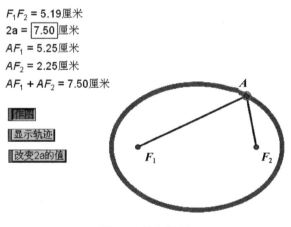

图 7-3　绘制椭圆

　　问题二：当 $2a$ 的值等于两定点之间的距离 F_1F_2 时，其轨迹是什么（学生动手实验后得出的结果是线段）？结果如图 7-4 所示。

　　问题三：当 $2a$ 的值小于两定点之间的距离 F_1F_2 时，其轨迹是什么（学生动手实验后得出的结果是没有轨迹）？

　　问题四：能给椭圆下一个定义吗？最后教师再揭示本质，给出定义。

　　这样，学生经过了感性认识和分析思考后，对椭圆定义的实质就会掌握得很好，不会出现忽略椭圆定义中的定长应大于两定点之间的距离的错误，让学生在动手实践中体验椭圆的形成过程，使学生的理解加深了。通过问题的解决，不仅可以让学生掌握相关知识，也培养了学生发现问题、分析问题、归纳总结的能力。

$F_1F_2 = 5.19$ 厘米

$2a = \boxed{5.19}$ 厘米

$AF_1 = 0.00$ 厘米

$AF_2 = 5.19$ 厘米

$AF_1 + AF_2 = 5.19$ 厘米

作图

显示轨迹

改变2a的值

图 7-4　绘制一条线段

视频讲解

7.1.2　应用于自主探究

信息技术在教育领域的运用是导致教育领域彻底变革的决定性因素，它必将导致教学内容、手段、方法、模式甚至教学思想、观念的根本变革。在中小学数学教学中，几何画板为探究性学习提供了研究、探索、实践的辅助工具。

例 7-3　抛物线及其标准方程。

本课件通过学生自己的发现、分析、探究、反思，使学生真正成为学习的主人，不断完善自己的知识体系，提高获取知识的能力，尝试合作学习的快乐，体验成功的喜悦。打开素材中的"例 5-7 圆锥曲线的统一形式.gsp"，把不相关的对象隐藏，完成后结果如图 7-5 所示。

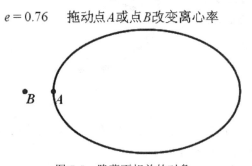

图 7-5　隐藏不相关的对象

探究一：当离心率 $e>1$ 时是什么图形（学生亲自动手后会发现是双曲线）？如图 7-6 所示。

探究二：当离心率 $e<1$ 时是什么图形（学生亲自动手后会发现是椭圆）？如图 7-5 所示。

探究三：当离心率 $e=1$ 时是什么图形？教师此时可以问学生：你们有没有观察到 $e=1$ 时的图像？学生会回答：抛物线！如图 7-7 所示。

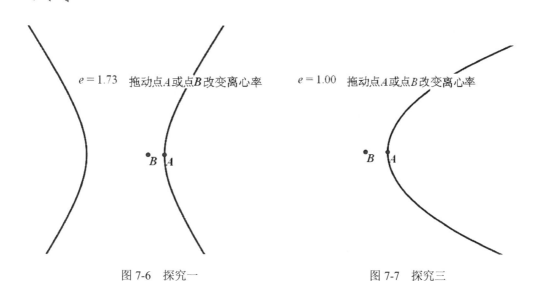

图 7-6　探究一　　　　　　　　　图 7-7　探究三

　　学生通过自主操作，自主探究图像的变化，从而认知 $e=1$ 的图像就是抛物线。这样不仅帮助学生回顾了椭圆与双曲线的相关内容，而且为如何画抛物线奠定了坚实基础。

　　探究四：拖动点 P 观察抛物线的形成过程，如图 7-8 所示。

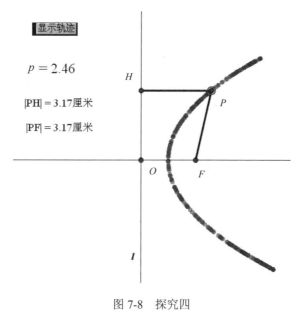

图 7-8　探究四

　　学生自己会发现 PH 和 PF 的值始终是相等的，直接抓住抛物线定义的关键点，这样的经历会使学生很难忘，会把抛物线定义深深地印在脑海里。

7.1.3　动态演示突破难点

　　中学数学中的许多概念、内容是抽象的，如复合函数的图像、函数关系、参数动态变化等。借助几何画板能够把许多抽象的内容变得更为形象、直观。几何画板有很强的图形

168　几何画板 5.X 课件制作实用教程（第 3 版·微课版）

功能，它能绘制任意一个函数的图像，而这一切只需要很短的时间。

　　例 7-4　求函数 $y=\lg x$ 与函数 $y=\sin x$ 的图像交点个数。

　　这个问题让许多学生感到困惑，因为大多数学生会想到通过解方程的方法把解求出来，但这是一个超越方程，中学阶段是解不了的，此时如果通过几何画板把图像绘制出来，就会使学生一目了然，清楚地知道它们的交点个数只有 3 个，从而进一步学习了通过数形结合的方法来解题的方法，如图 7-9 所示。

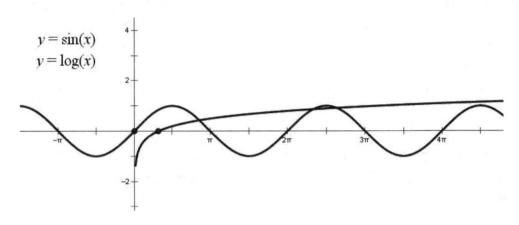

图 7-9　函数的图像交点个数

　　例 7-5　求线性规划问题的最优解。

　　某工厂生产甲、乙产品。已知生产甲种产品 1 吨需消耗 A 种矿石 10 吨，B 种矿石 5 吨，煤 4 吨；生产乙种产品 1 吨需消耗 A 种矿石 4 吨，B 种矿石 4 吨，煤 9 吨。每 1 吨甲种产品的利润是 600 元，每 1 吨乙种产品的利润是 1000 元。工厂在生产这两种产品的计划中要求消耗 A 种矿石不超过 300 吨，B 种矿石不超过 200 吨，煤不超过 360 吨。甲、乙两种产品应各生产多少吨（精确到 0.1 吨），能使利润总额达到最大值？

　　本例是高中课本人教版 A 上的一个例子，所有上过这节课的老师都会觉得处理起来很麻烦，单单画图就会花掉 10 多分钟，因此一节课讲不了几道例题。如果利用几何画板进行教学，教学效率会提高很多，如图 7-10 所示。

7.1.4　应用于概念教学

视频讲解

　　概念在数学教学中显得极为困难，学生对很多概念的理解总是似是而非，现在利用几何画板就可以使学生从直观上来理解某些概念的内涵。

　　例 7-6　棱台的概念。

　　课件界面如图 7-11 所示。

　　利用几何画板绘制各种立体图形非常直观，可以让学生理解从平面图形向立体图形、从二维空间向三维空间过渡的难题。因为它能把一个"活"的立体图形展现在学生的眼前，为培养学生的空间想象能力开辟了一条捷径。

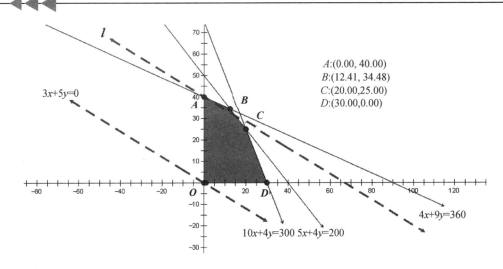

图 7-10　线性规划问题

几何画板对图形的可控变功能为一图多用提供了宽松的环境，如课件"棱台的概念"只需要通过控制按钮的改变就可观察棱锥棱台的相互转化，可以大量减少不必要的重复作图。通过几何画板可以将原来黑板或幻灯片上的"死图像"变成一个"活图像"，真正把学生引入数形的世界，使学生对棱台的概念有深刻的理解。几何画板减少了许多不必要的重复劳动，节省了课堂时间，提高了上课时间的利用率，为提高 45 分钟的授课质量奠定了基础。

如图 7-12 所示，通过动画演示，清晰地看出棱台的组成部分，棱台的侧棱、侧面、上底面、体积都随棱台的高的变化而变化，使学生在图形的变化中轻松愉快地学习新知识、新概念，同时也在几何变换中陶冶了情操。

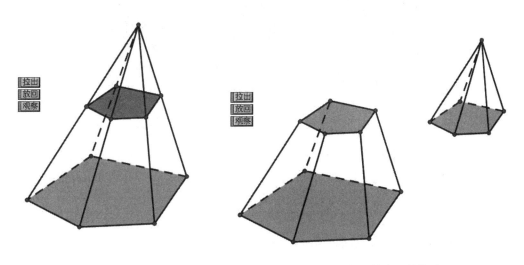

图 7-11　课件效果图　　　　　　　　图 7-12　拉出棱台后的效果

又如，为了揭示立体几何圆柱、圆锥、圆台的概念和性质，以及它们之间的内在联系，可以制作一个矩形、直角三角形、直角梯形的运动。这样，图文并茂，既形象又生动，从而培养学生用联系的、整体的观念去看问题的习惯和能力。

例 7-7 圆柱、圆锥和圆台的定义。

如图 7-13 所示，单击【圆柱】按钮、【圆锥】按钮和【圆台】按钮，可演示出矩形、三角形、梯形分别绕垂直于底边的一边旋转而形成圆柱、圆锥和圆台的动态变化过程。

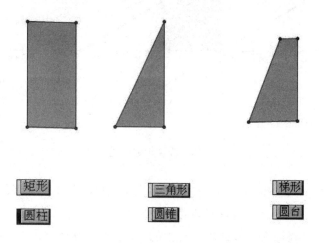

图 7-13　圆柱、圆锥和圆台的演示动画

如图 7-14 所示是变化过程中的一个画面。利用这样的课件进行教学，使立体几何教学突破传统教学手段的束缚，化"静"为"动"，化"难"为"易"。

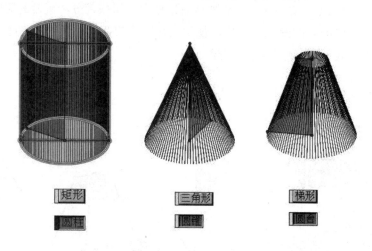

图 7-14　课件效果图

7.1.5　应用于辅助解题教学

利用几何画板可以形象生动地教会学生掌握解题方法，通过几何画板训练了学生的观察能力、联想能力和转化能力。

例 7-8　利用导数知识求解三次函数问题。

利用导数知识求解三次函数是近年高考常考的知识点，对于这部分知识，学生在理解方面是比较困难的，其最关键的因素在于它的抽象性，它不像二次函数等初等函数这么直观，可以通过其图形来理解相关的性质，从而得出解题方法。

通过课件观察三次函数的图像，对于三次函数 $f(x) = ax^3 + bx^2 + cx + d(a \neq 0)$ ，有 $f'(x) = 3ax^2 + 2bx + c$ ，其判别式 $\Delta = (2b)^2 - 4 \times 3ac$ ，我们来看各系数对原函数和导函数的影响。

1. 对于系数 a

（1）当 $a>0$ 且 $\Delta>0$ 时，$f(x)$ 与 $f'(x)$ 的图像如图 7-15 所示。

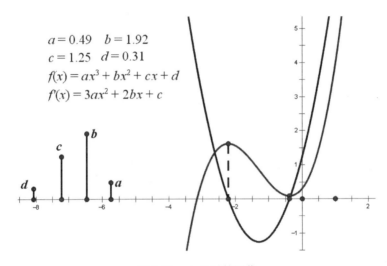

$$a = 0.49 \quad b = 1.92$$
$$c = 1.25 \quad d = 0.31$$
$$f(x) = ax^3 + bx^2 + cx + d$$
$$f'(x) = 3ax^2 + 2bx + c$$

图 7-15　$\Delta>0$ 时的图像

（2）当 $a>0$ 且 $\Delta=0$ 时，$f(x)$ 与 $f'(x)$ 的图像如图 7-16 所示。

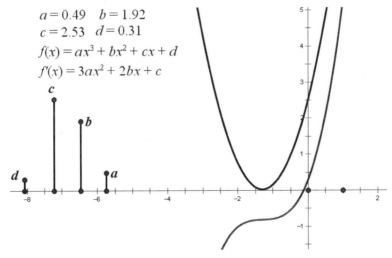

$$a = 0.49 \quad b = 1.92$$
$$c = 2.53 \quad d = 0.31$$
$$f(x) = ax^3 + bx^2 + cx + d$$
$$f'(x) = 3ax^2 + 2bx + c$$

图 7-16　$\Delta=0$ 时的图像

（3）当 $a>0$ 且 $\Delta<0$ 时，$f(x)$ 与 $f'(x)$ 的图像如图 7-17 所示。

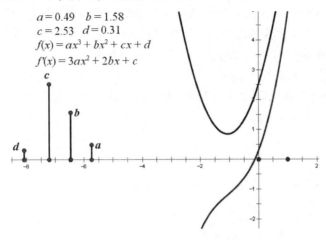

$$a=0.49 \quad b=1.58$$
$$c=2.53 \quad d=0.31$$
$$f(x)=ax^3+bx^2+cx+d$$
$$f'(x)=3ax^2+2bx+c$$

图 7-17 　$\Delta<0$ 时的图像

引导学生观察发现，$a>0$ 时，三次函数可整体看作是呈递增的趋势，当 $\Delta>0$ 时，是"增→减→增"，有两个极值点，先极大后极小，而且三次函数的极值点刚好是令导函数为 0 时方程的两根；$\Delta<0$ 和 $\Delta=0$ 恒为递增。

当 $a<0$ 时，同样可以得出类似的结论。此时三次函数可整体看作是呈递减的趋势，当 $\Delta>0$ 时，是"减→增→减"，有两个极值点，先极小后极大；$\Delta<0$ 和 $\Delta=0$ 时恒为递减。

2．对于系数 b 和 c

观察发现，系数 b 和 c 对三次函数整体的增减趋势没有影响，只对判别式 Δ 产生影响，当 $\Delta>0$ 时有两个极值点，$\Delta<0$ 和 $\Delta=0$ 时无极值点。

3．对于系数 d

观察发现，系数 d 只在三次函数中出现，所以只对三次函数有影响，通过改变系数 d，可以使 $f(x)$ 的图像上下平移，$d>0$ 时向上平移，$d<0$ 时向下平移，对图像的形状没有任何改变。

有了上面的认识，引导学生得出只要明确系数 a 和判别式 Δ 就可以绘制任意一个三次函数的草图的结论。画图的基本步骤如下：

（1）先求出导函数，判断其判别式与 0 的大小关系。

（2）根据系数 a 判断三次函数的整体增减趋势。

（3）画出大致草图。

如果要画更精确的图形，则要进一步求出令导函数为 0 时方程的根，并求出相应的三次函数值。画出草图后再解这类三次函数问题就轻而易举了。

7.1.6 　应用于参数的讨论

几何画板作为计算机辅助教学的软件，可以对学习的成果进行存储，以便再认识、再探索、再实验，对学习者有很好的"协作"作用。

例 7-9　指数函数的图像与性质。

利用几何画板，绘制指数函数 $y=\left(\dfrac{1}{2}\right)^{x}$，$y=\left(\dfrac{1}{3}\right)^{x}$，$y=2^{x}$，$y=3^{x}$ 与 $y=10^{x}$ 的图像（指数函数由学生来选定），如图 7-18 所示。

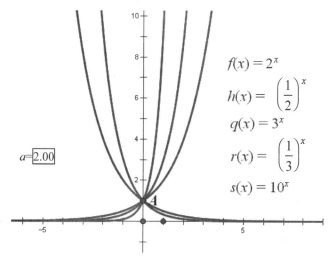

图 7-18　指数函数图像

根据上述不同底的指数函数的图像可归纳得到指数函数的性质。

在传统的教学中，将这些图像迅速直观地展现在学生面前是难以实现的，教师只能告诉学生可以通过描点法画出函数图像，然后直接做出图像让学生观察总结规律，缺乏动态的效果和说服力。

接下来再连续改变参数 a，通过改变指数函数的底观察图像的变化规律。选中参数 a，连续按 Shift＋"＋"键和"−"键，此时学生会直观地观察到图像随参数 a 的改变而改变，如图 7-19 所示。

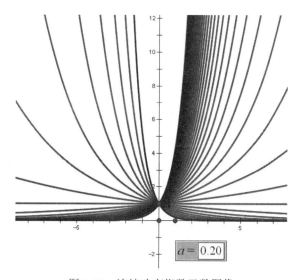

图 7-19　连续改变指数函数图像

通过此例，可以发现利用几何画板进行参数讨论可以随意改变参数（系数）的取值，得到各种情形下的图像，便于比较、归纳，探求规律。

7.2 几何画板课件与课程整合典型案例

现在很多几何画板图书都是从计算机技术来说明画板技术，可读者虽然学会了几何画板技术，却不知如何将其应用到课堂教学中。笔者在此利用几个简单的案例，说明几何画板在课堂教学中的应用，希望能起到抛砖引玉的作用。

7.2.1 制作教学课件的前期工作

利用几何画板制作课件的前期准备可分为：①编写教学设计；②制作和收集多媒体素材；③运用几何画板+其他辅助软件创作平台开发课件。其中，第 3 步中可以采用几何画板+PowerPoint（Flash、网页、Authorware）等形式制作一个完整的课件，几何画板主要用于突破教学重难点，PowerPoint 等其他软件用于导航及课件界面等制作。

1．编写教学设计

多媒体教学设计是充分考虑计算机功能的分析教学问题、设计解决方法并加以实施直至获得教学过程的最优化的过程。它包括教学对象分析、教学目标内容分析、多媒体信息的选择、教学媒体设计的知识结构建立、教学反馈评价等设计。

2．制作和收集多媒体素材

在教学脚本的设计下进行素材搜集和处理，这是一个非常耗时的工程。在一个课件中往往要用到大量的图像、动画、视频、声音等资料，这些素材的准备和制作是十分繁重的，占用课件制作的大量时间和精力，是多媒体制作中难度最大的一步。除了大量从外界信息资料中搜集适用的素材，还可以运用多种多媒体制作软件制作出一些非常优美的图片、动画、配音等素材，一般运用图像处理、动画制作、声音处理等软件。

3．运用几何画板+其他辅助软件创作平台开发课件

建议采用几何画板+PowerPoint 的模式，新版几何画板已经可以和 PowerPoint 实现无缝链接。在 PowerPoint 中无缝插入几何画板文件的方法如下。

（1）在 PowerPoint 2003 中执行【视图】|【工具栏】|【控件工具箱】|【其他控件】命令（在 PowerPoint 2007 和 PowerPoint 2010 中是执行【工具】|【控件】|【其他控件】命令）。

（2）在【其他控件】中找到 jhhb5.gsp 选项，单击后即可出现该控件。如果要调节尺寸，可以拖动尺寸柄调节大小。

（3）单击【控件工具箱】中的【属性】按钮，或在控件框右键菜单中选择【属性】，打开【属性】对话框，在 sfilename 选项栏中，单击"打开"选项卡，选择 GSP 画板文件，单击【确定】按钮即可。

7.2.2　案例 1：函数 $y=A\sin(\omega x+\varphi)$ 的图像

视频讲解

本节课是高一数学第一册（下）第 4 章（三角函数）4.9 节的教学内容，采用基于课堂的探究协作型模式。本节课的教学重难点是理解和掌握与函数 $y=A\sin(\omega x+\varphi)$ 有关的基本变换。学生通过协作学习，充分利用多媒体课件进行数学实验，通过动态演示，达到突破难点的教学目的。

1．教学目标

1）知识与能力目标

（1）使学生会用"五点法"作函数 $y=A\sin(\omega x+\varphi)$ （$A>0$，$\omega>0$）的简图，理解并掌握与函数 $y=A\sin(\omega x+\varphi)$ （$A>0$，$\omega>0$）相关的基本变换。

（2）培养学生观察、分析、概括、归纳等数学能力及逻辑思维能力。

（3）培养学生自己动手、主动获取知识，并在此基础上进行再创新的意识和能力。

2）过程与方法目标

培养学生从特殊到一般，从具体到抽象的思维方法，从而达到从感性到理性认识的突破，又从一般到特殊，把抽象的数学规律应用到具体实践中。

3）情感、态度、价值观目标

学生通过自己动手操作、自己发现总结的自主学习方式，亲身体验获取数学知识的过程，从而培养大胆尝试、勇于创新的精神，并学会用联系发展的观点看待认识问题、解决问题的方法。

2．教学重点和难点

教学重点：理解和掌握函数 $y=A\sin(\omega x+\varphi)$ 相关的基本变换。

教学难点：①用"五点法"作 $y=A\sin(\omega x+\varphi)$ 的简图及其与 $y=\sin x$ 图像的关系；②函数 $y=A\sin(\omega x+\varphi)$ 相关的基本变换。

3．教学对象分析

本节课的教学对象是高一年级的学生，学生已经掌握正弦函数、余弦函数的图像和性质，对用"五点法"作三角函数图像有一定的认识。从认知特点看，学生对静态的函数图像缺乏兴趣，难有感性认识，对抽象的变化规律更是不易理解，难以上升为理性认识。为了解决这种现象，充分利用几何画板的强大动画功能，使静态的图像、抽象的数学规律变得生动起来，大大激发和调动了学生的学习积极性和主动性。兴趣是最好的老师，通过"数学实验"，动手操作，自主探索，可以在很大程度上激发学生的学习兴趣；而亲身体验数学知识和规律的发现、总结过程，又能够帮助学生更好地理解和掌握知识。

4．教学策略及教法设计

本节课坚持"以学生为主体，以教师为主导"的指导思想，采用引导发现法进行教学。

教师先创设情景，提出问题，然后学生通过多媒体课件进行"数学实验"，对自己设置的动态数据进行观察分析、联系对比，在自己思考、与同学交流、教师指导帮助下进行归纳总结，从而得到变换规律。在教学过程中，采用教师"点拨"与学生"自主探索"相结合的方法，利用形象直观的动态多媒体演示，引导学生通过观察分析图像的变化，主动思考，动手操作来发现问题、解决问题，自己归纳总结出变化规律，在思考、操作的过程中理解并掌握作图和图像变化的相关知识，并用练习加以检验和巩固，从而完成对知识的"发现"和"接受"，真正使书本知识变成自己的知识。

以下是教学过程。

1）创设情境

说明：这里通过直观演示物理中的"简谐振动"动画以及其他生活中的实例，调动学生的思维和学习兴趣。为培养学生逻辑思维、观察分析等数学能力提供了很好的素材，较好地为新知识的学习创设思维情境。

教师演示动画：小球的简谐振动动画，引出本节课的课题——函数 $y = A\sin(\omega x + \varphi)$ 的图像，如图 7-20 所示（课件的制作方法参见 7.3 节的案例 1-1）。

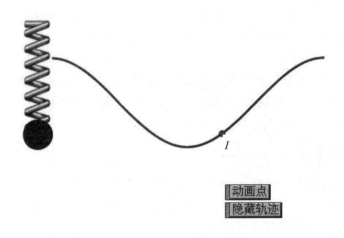

图 7-20　简谐振动动画

2）复习引入

说明：让学生先复习"五点作图法""正弦函数、余弦函数的图像和性质"等基础知识，为下一步的"自主探究"做好准备。

3）自主探究

教师先引导学生学习例题。

例题 1　作函数 $y = 2\sin x$ 及 $y = \dfrac{1}{2}\sin x$ 的图像，并思考其与 $y = \sin x$ 之间有什么联系。归纳总结出一般规律。

然后让学生借鉴例题 1 的学习研究方法，自主学习另外两个例题。

例题 2　作函数 $y = \sin 2x$ 和 $y = \sin \dfrac{1}{2}x$ 的图像，并总结出一般规律。

例题 3　作函数 $y = \sin\left(x + \dfrac{\pi}{4}\right)$ 和 $y = \sin\left(x - \dfrac{\pi}{3}\right)$ 的图像，并总结出一般规律。

说明：在教师的引导下，学生通过多媒体课件亲自动手操作进行数学实验，提高了学习的兴趣，逐步培养了"观察→分析→实验→验证→总结"的思想方法。这里利用多媒体课件可以很好地帮助学生突破难点，使学生更好地归纳出图像变化的规律，使学生掌握从特殊到一般，从具体到抽象的思维方法，从而达到从感性认识到理性认识的飞跃，充分体现了从一般到特殊、从抽象到具体的辩证思维方法。

（1）$y = 2\sin x$ 及 $y = \dfrac{1}{2}\sin x$ 的图像。

学生自主运行课件（课件的制作方法参见 7.3 节的案例 1-2），单击【描点】按钮，在坐标系上描出相应的点，描完 5 个点后单击【显示图像】按钮绘制出相应的曲线，如图 7-21 所示。

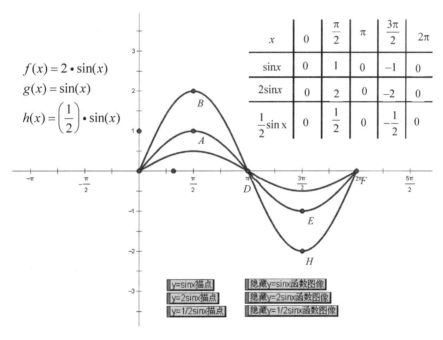

图 7-21　描点作图

（2）$y = A\sin(\omega x + \varphi)$ 的图像变换。

在教师的引导下，学生通过这个多媒体课件亲自动手操作进行数学实验，运行课件时，学生可利用鼠标拖动点 A、ω 和 φ 来改变函数 $y = A\sin(\omega x + \varphi)$ 中的 3 个系数的值，学习时先要求作函数 $y = \sin 2x$ 和 $y = \sin\dfrac{1}{2}x$ 的图像和作函数 $y = \sin\left(x + \dfrac{\pi}{4}\right)$ 和 $y = \sin\left(x - \dfrac{\pi}{3}\right)$ 的图像，并发现它们之间的变化规律，再进行多次改变 3 个系数的值，从而发现和总结出图像的变换规律，如图 7-22 和图 7-23 所示。

4）练习巩固

说明：设置不同形式的练习进行知识应用的巩固，本节课设计了 4 道练习，请参看课件。

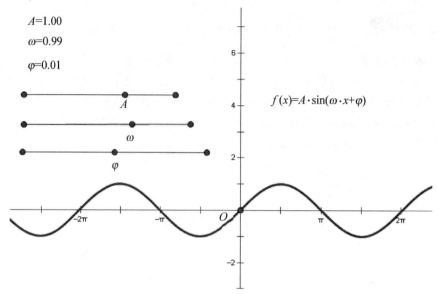

图 7-22　改变 3 个系数的值 1

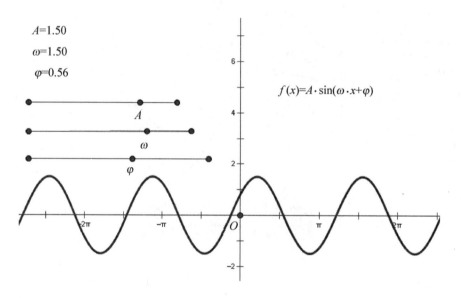

图 7-23　改变 3 个系数的值 2

5）课堂小结

说明：对本节课的知识点进行分类小结，请参看课件。

6）探究性问题

思考：三角函数间的变化关系是否适用于其他函数的变换？

问题：如何由 $y = \dfrac{1}{x}$ 的图像得到 $y = \dfrac{x+2}{x-1}$ 的图像？

说明：这是一道探究性问题，让学生在课外学习研究使用。通过这个探究性问题，引导学生拓宽思路、发展思维，从而培养了学生的实践能力。

7.2.3 案例 2：二次函数在闭区间上的值域

本节课是高一数学第一册"函数"研究课，采用网络型教学模式，通过师生的共同探索，培养学生发现问题、研讨问题、解决问题的能力，更重要的是培养学生探索问题的积极性、主动性以及和同学互相合作的团队精神。

1．教学目标

1）认知目标

掌握二次函数在指定区间上的值域的求法。

2）能力目标

（1）领会数形结合、分类讨论等数学思想在解决问题中的应用。

（2）增强学生的探索能力，学会用运动变化的观点来分析问题和解决问题。

3）情感目标

（1）使学生能积极参与数学活动，主动探究。

（2）使学生学会合作学习，能与他人交流探究的过程和结果。

2．教学重点和难点

函数的单调性是高中数学函数一章中一节相当重要的内容。因为研究一个函数的性质往往离不开它的单调性，而且利用函数的单调性可以解决许多的问题，尤其是求函数在某个指定区间上的值域的问题。

重点：二次函数在指定区间上的值域的求法。

难点：

（1）对称轴和区间的位置关系对函数值域的影响。

（2）二次函数在指定区间上的值域的求法的转化和应用。

3．教学对象分析

学生在初中阶段接触最多，而且他们觉得比较难以理解的函数便是二次函数。在初中阶段，学生熟记二次函数的最值计算公式，可以较快地求出二次函数在定义域 **R** 上的最大值或最小值，从而求出其值域。但是当函数的定义域改变之后，学生往往对此熟视无睹，不知道定义域发生改变之后会给值域带来什么样的变化。这说明学生对所背的公式并没有真正意义上的理解。为了使学生更好地理解函数的单调性的作用，补充这样一节探究性的课，一方面起到了扩充知识的作用，提高学生对知识的应用意识，另一方面重在培养学生的探究意识和数形结合的思想方法。

4．教学策略及教法设计

采用"自主探究，合作交流"的教学组织形式，利用几何画板的动态性和直观性让学生体验探索和发现的乐趣。

5．多媒体设计

教师把利用几何画板做好的课件（课件的制作方法参见 7.3 节的案例 2）传到每个学生的计算机上，每个学生通过计算机使二次函数的变量区间发生改变，从而对图形引起的相应变化有了具体的、形象的认识。

以下是教学过程。

1）创设情境

说明：让学生注意和感受生活中的数学，提高学习数学的兴趣和在生活中主动使用数学的能力。

（1）问：二次函数在我们的生活中经常会碰到，同学们能举出一些例子来吗？

（2）引例：换季时某商店为了促销商品，决定所有衣物打折出售，一件原价 100 元的衣服在第一次打折时没有卖出，商店决定第二次打折，假设商店两次打折的折数相同且折数为 8 折～9 折，那么这件衣服的实际售价在什么范围？

2）复习旧知

说明：直观展示单调函数和二次函数的图像特征和相关知识点，帮助学生回忆学过的知识。

（1）复习函数单调性的概念。

① 复述函数单调性的概念（由教师帮助学生完成）。

如果函数 $y=f(x)$ 在某个区间是增函数或减函数，那么就说函数 $y=f(x)$ 在这一区间具有（严格的）单调性，这一区间称为 $y=f(x)$ 的单调区间。

② 画图并结合所画的图像分别说明在某个闭区间 $[a,b]$（$a<b$）上的单调函数及其图像的变化趋势（利用几何画板分别画出在某一区间 $[a,b]$ 上递增（减）的函数图像，指出图像的变化趋势）。

③ 请结合图像，指出函数值的变化趋势，能得出一些你认为有用的结论吗？如图 7-24 和图 7-25 所示。

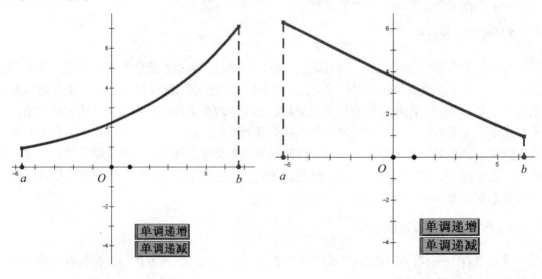

图 7-24　递增函数　　　　　　图 7-25　递减函数

从图 7-24 可知 $y = f(x)$ 在 $[a,b]$ 上是增函数，其图像由左至右是上升的，其函数值 $f(a) < f(b)$，且 $y = f(x)$ 在区间 $[a,b]$ 上的最大值为 $f(b)$，最小值为 $f(a)$。

从图 7-25 可知 $y = f(x)$ 在 $[a,b]$ 上是减函数，其图像由左至右是下降的，其函数值 $f(a) > f(b)$，且 $y = f(x)$ 在区间 $[a,b]$ 上的最大值为 $f(a)$，最小值为 $f(b)$。

所以，利用函数的单调性可以研究函数在某区间上的最大值、最小值及值域。

（2）复习二次函数 $y = ax^2 + bx + c(a \neq 0)$ 在 **R** 上的最值及值域。

3）自主探究

说明：让学生感受函数在不同区间上的值域的求法。

（1）轴定区间定问题。

说明：让学生自己拖动代表区间端点的 a、b 两点到指定的位置上，直观感受函数在不同区间上的单调性的改变会引起值域的改变以及值域的基本求法。

例题 4 某物体一天中的温度 T 是时间 t 的函数：$T(t) = -t^2 + 2t + 3$，时间单位是小时，温度单位为℃，$t=0$ 表示 12:00，其后 t 取值为正，则在下列时间段物体温度的范围是：10:00～12:00，$t \in [-2,0]$；12:00～15:00，$t \in [0,3]$；14:00～16:00，$t \in [2,4]$。

学生自主研究，自行拖动代表区间端点的 a、b 两点到指定的位置上，几分钟后，请同学们回答自己的研究结果，然后教师和学生一起总结对称轴和区间的不同位置关系对函数值域的影响。

① 若对称轴在区间的右侧，此时函数在该区间上是单调递增函数，最大值和最小值分别在区间端点处取得，如图 7-26 所示。

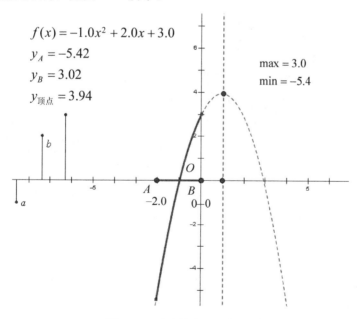

图 7-26 对称轴在区间的右侧

② 若对称轴在区间的左侧，此时函数在该区间上是单调递减函数，最大值和最小值分别在区间端点处取得，如图 7-27 所示。

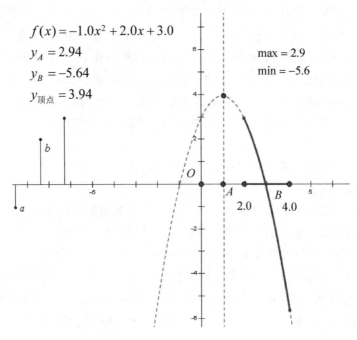

图 7-27　对称轴在区间的左侧

③ 若对称轴穿过区间，此时函数在该区间上先增后减，最大值在对称轴处取得，而最小值在端点处取得，此时只需计算哪个端点处的函数值小即可，或比较哪个端点距离对称轴远（越远函数值越小）即可。

④ 函数的最大最小值只在区间的端点或对称轴处取得。

（2）轴定区间变问题。

说明：学会分类讨论变区间和不变对称轴的位置关系及其对值域的影响，拖动 $[t, t+2]$ 所在的区间，感受对称轴和区间的位置关系的分类及各类值域的求法。

例题 5　求二次函数 $f(x) = x^2 - 2x - 3$ 在区间 $[t, t+2]$ 上的值域。

学生拖动 $[t, t+2]$ 所在的线段，随着区间位置的改变，对称轴和区间的位置关系对函数值域的影响便一目了然了（研究过程中，同组的学生可以大胆地讨论，互相帮助，并将自己的研究结果汇总到记录纸上），几分钟后，学生自主发言，汇报成果，其他学生积极参与研究讨论。教师及时把握研讨方向。讨论结果如下：

① 当对称轴位于区间的左侧，即 $t \geqslant 1$ 时，函数 $f(x)$ 在区间 $[t, t+2]$ 上为增函数，此时 y 的取值范围是 $f(t) \leqslant y \leqslant f(t+2)$，如图 7-28 所示。

② 当对称轴位于区间的右侧，即 $t+2 \leqslant 1$ 时，函数 $f(x)$ 在区间 $[t, t+2]$ 上为减函数，此时 y 的取值范围是 $f(t+2) \leqslant y \leqslant f(t)$。

③ 当对称轴位于右半区间，即 $t+1 \leqslant 1 \leqslant t+2$ 时，函数 $f(x)$ 在区间 $[t, t+2]$ 上也是先减后增，此时是左端点 t 距离对称轴较远，所以 y 的取值范围是 $f(1) \leqslant y \leqslant f(t)$。

④ 当对称轴位于左半区间，即 $t \leqslant 1 \leqslant t+1$ 时，函数 $f(x)$ 在区间 $[t, t+2]$ 上是先减后增，右端点 $t+2$ 距离对称轴较远，此时 y 的取值范围是 $f(1) \leqslant y \leqslant f(t+2)$，如图 7-29 所示。

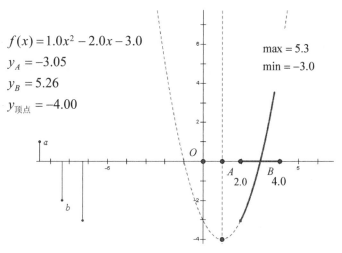

图 7-28　对称轴在区间的左侧

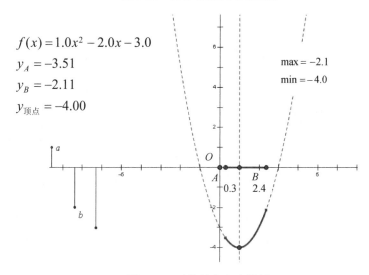

图 7-29　对称轴在左半区间

部分学生可能只分了三种情况，将②、③合并，要帮他们分析原因，为第三个问题做铺垫。

（3）轴变区间变问题。

说明：若改变函数的对称轴，则函数在指定区间上值域的求法也会改变。感受对称轴的改变会引起函数图像在指定区间的单调性的改变，从而引起值域的改变。

例题 6　求函数 $f(x) = x^2 - 2mx + 2$ 在区间 $[-1, 1]$ 上的值域。

自主探究：拖动直线 $x = m$ 可改变对称轴与区间 $[-1, 1]$ 的相对位置，仿照例题 2 可以求出函数的值域。

① 当对称轴位于区间的左侧，即 $m \leq -1$ 时，有 $f(-1) \leq y \leq f(1)$ 。

② 当对称轴位于区间的右侧，即 $m \geq 1$ 时，有 $f(1) \leq y \leq f(-1)$ 。

③ 当对称轴位于左半区间，即 $-1 \leq m \leq 0$ 时，有 $f(m) \leq y \leq f(1)$ 。

④ 当对称轴位于右半区间，即 $0 \leq m \leq 1$ 时，有 $f(m) \leq y \leq f(-1)$ 。

4）小结二次函数值域的方法和技巧

要求二次函数 $y = ax^2 + bx + c(a \neq 0)$ 在指定区间 $[m, n]$ 上的值域，归根结底是要求出函数在这个区域上的最大值和最小值，而求函数在这个区间上的最值关键是看函数的对称轴 $x = -\dfrac{b}{2a}$ 是否落在指定区间 $[m, n]$ 内。

① 当对称轴落在区间内，即 $m \leqslant -\dfrac{b}{2a} \leqslant n$ 时，函数的值域为 $\left[\min\left(f\left(-\dfrac{b}{2a}\right), f(m), f(n) \right), \max\left(f\left(-\dfrac{b}{2a}\right), f(m), f(n) \right) \right]$。

② 当对称轴落在区间外，即 $-\dfrac{b}{2a} > n$ 或 $-\dfrac{b}{2a} < m$ 时，函数的值域为 $[\min(f(m), f(n)), \max(f(m), f(n))]$。

5）课后探究

探究1：轴变区间变问题。

求函数 $f(x) = x^2 - 2mx + 2$ 在区间 $[a, b]$ 上的值域。

分析：还是同前面的例子相同的讨论。

① 当对称轴位于区间的左侧，即 $m < a$ 时，有 $f(a) \leqslant y \leqslant f(b)$。

② 当对称轴位于区间的右侧，即 $m > b$ 时，有 $f(b) \leqslant y \leqslant f(a)$。

③ 当对称轴位于左半区间，即 $a \leqslant m \leqslant \dfrac{a+b}{2}$ 时，有 $f(m) \leqslant y \leqslant f(b)$。

④ 当对称轴位于右半区间，即 $\dfrac{a+b}{2} \leqslant m \leqslant b$ 时，有 $f(m) \leqslant y \leqslant f(a)$。

探究2：二次函数最值逆向型问题。

已知二次函数 $f(x) = ax^2 + (2a-1)x + 1$ 在区间 $\left[-\dfrac{3}{2}, 2\right]$ 上的最大值为 3，求实数 a 的值。

6）练习设计

（1）心理学家研究发现，学生的接受能力依赖于教师引入概念和描述问题所用的时间。开讲的前 10 分钟学生的兴趣激增，分析结果和实验表明，用 $f(x)$ 表示学生掌握和接受概念的能力，x 表示提出和讲授概念的时间（单位：分），可有以下的公式：$f(x) = -0.1(x-13)^2 + 59.9$（$0 < x \leqslant 10$），则开讲 5～10 分钟，学生的接受能力处在什么范围？若有一个数学问题需要 55 的接受能力，则教师能否在开讲 5 分钟的时候讲？

（2）求函数 $y = \sin^2 x + 2\sin x + 3$，$x \in (0, \pi)$ 的值域。

7.3 实例制作步骤

前面两节介绍了几何画板如何与课程整合，并列举了一些典型案例，本节详细讲解其中的一些课件实例的制作方法。

视频讲解

7.1.1 节的例 7-1 指数函数中的细胞分裂的制作步骤如下。

（1）在互联网上下载一张细胞图并把它导入几何画板中，并把细胞复制 30 张，把它们按一定的顺序排列好，单击【线段工具】 ，绘制线段，把这些图连接起来，如图 7-30 所示。

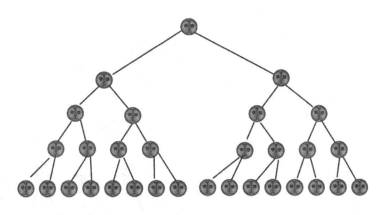

图 7-30　复制细胞并连好线

（2）同时选中第 1 次分裂的两个细胞和两条线段，执行【编辑】|【操作类按钮】|【显示/隐藏】命令，在弹出的【操作类按钮】对话框中把标签改成"第 1 次分裂"，单击【确定】按钮，如图 7-31 所示。

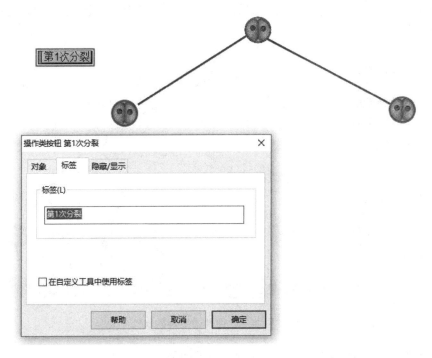

图 7-31　第 1 次分裂

（3）按相同的方法，选中第 2 次分裂的 4 个细胞和 4 条线段，制作出第 2 次分裂的【显示/隐藏】按钮；以此类推，完成余下按钮的制作。

（4）执行【编辑】|【操作类按钮】|【系列】命令，在弹出的【操作类按钮】对话框中把标签改成"分裂"；单击【系列按钮】选项卡，选择"依次执行"单选按钮，单击【确定】按钮，如图 7-32 所示。

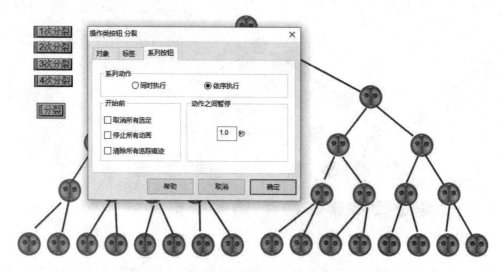

图 7-32　制作分裂按钮

（5）同时选中分裂出的 30 个细胞图和所有线段，执行【编辑】|【操作类按钮】|【显示/隐藏】命令，在弹出的【操作类按钮】对话框中把标签改成"还原"，单击【确定】按钮。最终效果如图 7-33 所示。

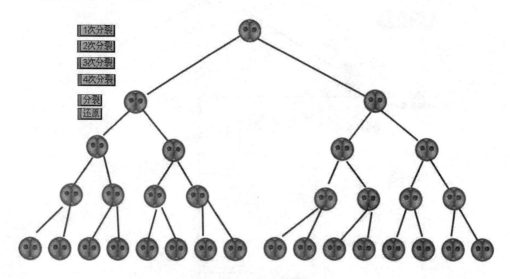

图 7-33　课件最终效果

7.1.1 节的例 7-2 椭圆的概念教学的制作步骤如下。

（1）先用"例 5.4.4 单圆法绘制椭圆.gsp"的制作方法来绘制一个椭圆，有一点不同的是，这里的圆是以 F_1 为圆心，以新建一个距离参数 $2a$ 的值为半径构造的，可以通过改变参数 $2a$ 的值来改变圆的半径大小。

视频讲解

（2）依次选中线段 F_1F_2、AF_1 和 AF_2，执行【度量】|【长度】命令，度量出三条线段的长度。

（3）执行【数据】|【计算】命令，打开【新建计算】对话框，依次单击"AF_1"→"+"→"AF_2"，如图 7-34 所示，单击【确定】按钮，关闭对话框，计算出 AF_1+AF_2 的值。

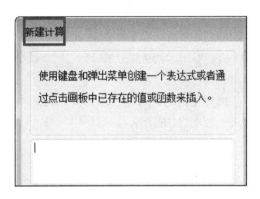

图 7-34　【新建计算】对话框

（4）选中参数 $2a$，执行【编辑】|【操作类按钮】|【动画】命令，打开【动画参数】对话框，在【方向】选项中选择"双向"，把范围改成 5～10，如图 7-35 所示，单击【确定】按钮，关闭对话框，就新建了一个改变 $2a$ 大小的动画操作按钮。

图 7-35　设置动画参数

（5）选中单圆上的动点，执行【编辑】|【操作类按钮】|【动画】命令，新建一个"作图"按钮；选中点 A，执行【显示】|【追踪交点】命令，单击"作图"按钮就可以绘制出椭圆的轨迹了。

（6）选中椭圆的轨迹，执行【编辑】|【操作类按钮】|【隐藏/显示】命令，新建一个显示和隐藏椭圆轨迹的按钮。

视频讲解

7.1.2 节的例 7-3 抛物线及其标准方程的制作步骤如下。

（1）单击【直线工具】 ✐，按住 Shift 键，绘制一条竖直直线 l，在直线适当位置任取 O、H 两点。

（2）选中点 O 和竖线 l，执行【构造】|【垂线】命令，构造垂线 m；按相同的方法，选中点 H 和竖线 l，构造垂线 n，如图 7-36 所示。

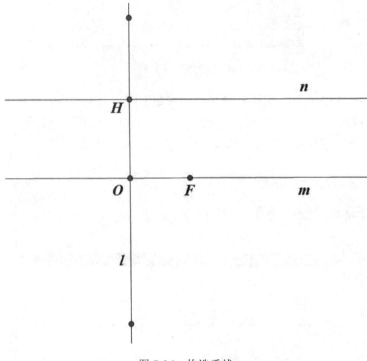

图 7-36　构造垂线

（3）利用【线段工具】 ✐，构造线段 HF；选中线段 HF，执行【构造】|【中点】命令，作出线段 HF 的中点 C；同时选中线段 HF 的中点 C，执行【构造】|【垂线】命令，作出过点 C 和线段 HF 垂直的直线 k。

（4）单击两条直线的交点位置作出直线 n 和直线 k 的交点 P，依次选中点 P 和点 H，执行【构造】|【轨迹】命令，就可以构造出抛物线了，如图 7-37 所示。

（5）选中抛物线，执行【编辑】|【操作类按钮】|【隐藏/显示】命令；选中点 P，执行【编辑】|【操作类按钮】|【动画】命令，把标签改为"显示轨迹"。

（6）选中点 P，执行【显示】|【追踪交点】命令，把直线 m、HF 和 k 等不必要的对象隐藏起来；单击【线段工具】 ✐，绘制线段 HP 和 PF。

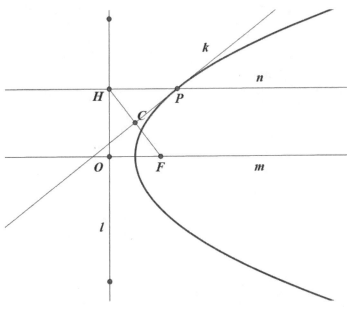

图 7-37　构造抛物线

（7）依次选中线段 *PF*、*HP* 和 *OF*，执行【度量】|【长度】命令，度量出三条线段的长度，并把 *OF* 的标签改为 *p*，最终效果如图 7-38 所示，拖动 *H* 点就可以观察抛物线的形成过程了。

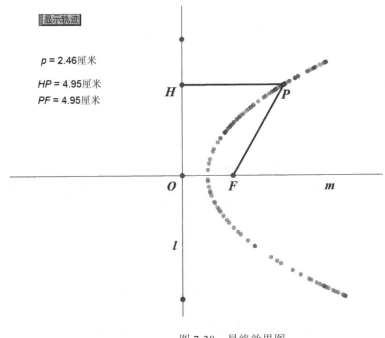

图 7-38　最终效果图

7.1.3 节的例 7-4 求函数 $y=\log_2 x$ 与函数 $y=\sin x$ 的图像交点个数的制作步骤如下。

（1）执行【绘图】|【绘制新函数】命令，打开【新建函数】对话框，在【函数】下拉

视频讲解

菜单中选择 sin 函数，在括号内输入 "x"，单击【确定】按钮，新建函数 $f(x)=\sin(x)$，如图 7-39 所示。

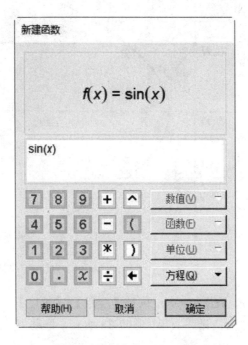

图 7-39　绘制 $f(x)=\sin x$ 函数

（2）按相同的方法绘制函数 $y=\log_2 x$，执行【绘图】|【隐藏网格】命令，最终效果如图 7-40 所示。

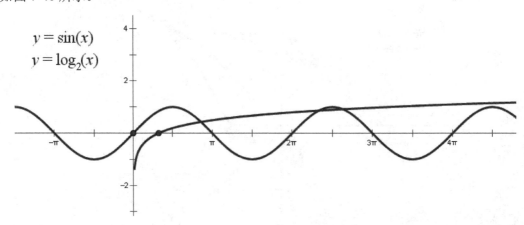

图 7-40　两函数的图像交点个数

视频讲解

7.1.3 节的例 7-5 求线性规划问题的最优解的制作步骤如下。

（1）执行【数据】|【新建函数】命令，打开【新建函数】对话框，输入 "(−5/4) * x + 50"，如图 7-41 所示，单击【确定】按钮，新建函数 $f(x) = (−5/4) \cdot x + 50$，也就是利用绘制函数的方法绘制出直线 $5x + 4y = 200$。

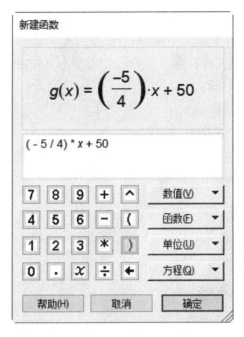

图 7-41　绘制 $f(x)=(-5/4)\cdot x+50$ 函数

（2）单击【文本工具】**A**，在画板空白处拖出一个文本框，在文本框中输入"5*x*+4*y*=200"；右击函数 $f(x)=(-5/4)\cdot x+50$，在弹出的菜单选项中选择【绘制函数】命令，绘制出函数 $f(x)=(-5/4)x+50$ 的图像；把坐标网格隐藏起来，向左侧拖动 *x* 轴上的单位点，把坐标系的单位长度拉小，使得直线能在界面上被看到，如图 7-42 所示。

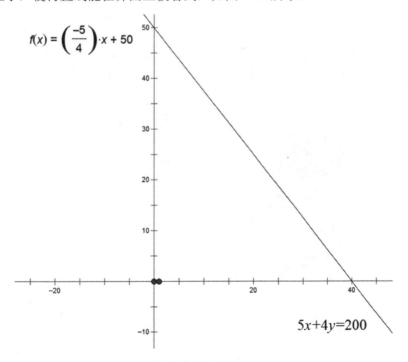

图 7-42　绘制直线 5*x*+4*y*=200

（3）按相同的方法，绘制出直线 $10x+4y=300$ 和 $4x+9y=360$；同时选中 3 个函数式，执行【显示】|【隐藏函数】命令，把三个函数式隐藏起来。

（4）单击【多边形和边工具】，绘制一个多边形 $ABCDO$，把三条直线组成的不等式组的可行域画出来，如图 7-43 所示。

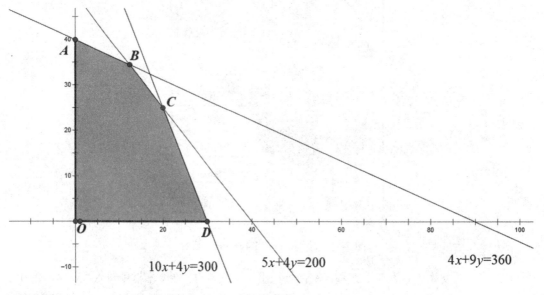

图 7-43　绘制不等式组的可行域

（5）依次选中 A、B、C、D 这 4 个点，执行【度量】|【坐标】命令，把 4 个点的坐标度量出来。

（6）按相同的方法绘制出直线 $5x+3y=0$，并把直线的线型改成虚线，把颜色设置为红色。

（7）选中直线 $5x+3y=0$，把直线复制并粘贴出一条新直线，这条直线就是目标函数线，拖动这条直线改变位置就可以找到最优解了，最终效果如图 7-44 所示。

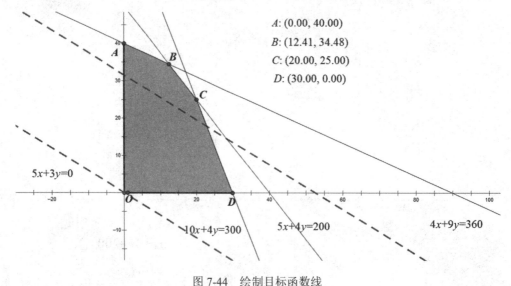

图 7-44　绘制目标函数线

7.1.4 节的例 7-6 棱台的概念的制作步骤如下。

（1）单击【圆工具】⊙，以 O 为圆心绘制两个同心圆，如图 7-45 所示。

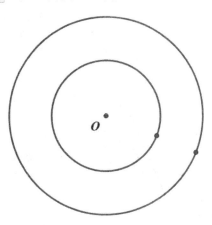

图 7-45　绘制两个同心圆

（2）单击【点工具】·，在大圆的圆周上任取一点 A，同时选中原点 O 和点 A，执行【构造】|【直线】命令，构造直线 OA。

（3）利用【直线直尺工具】╱过圆心 O 绘制一条直线 m；利用【点工具】·绘制出直线 OA 和小圆的交点 B；同时选中点 A 和 m，执行【构造】|【垂线】命令，作出过点 A 和 m 垂直的直线 l。

（4）同时选中点 B 和直线 l，执行【构造】|【垂线】命令，作出过点 B 和直线 l 垂直的直线 k，利用【点工具】·绘制出直线 l 和直线 k 的交点 C，如图 7-46 所示。

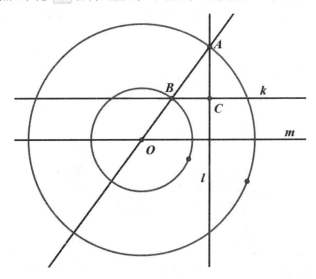

图 7-46　构造垂线的交点

（5）依次选中点 C 和点 A，执行【构造】|【轨迹】命令，构造出椭圆，隐藏不必要的对象，只显示椭圆。

（6）单击【多边形和边工具】⬠，绘制一个多边形 EFGHI；单击【点工具】·，取

一个点 *J* 作为棱锥的顶点；单击【线段工具】 ，绘制线段 *EJ*、*FJ*、*GJ*、*HJ* 和 *IJ* 构造出棱锥；单击【点工具】 ，在线段 *FJ* 上取一点 *K*。

（7）双击点 *J* 标记为中心，依次选中 *J*、*F* 和 *K* 这 3 个点，执行【变换】|【标记比】命令，标记出比 *JK*/*JF*；选中多边形 *EFGHI* 的 5 个顶点，执行【变换】|【缩放】命令，选择按标记比关于中心 *J* 进行缩放，如图 7-47 所示。

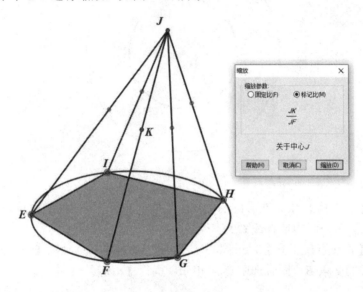

图 7-47　按标记比缩放

（8）单击【多边形和边工具】 ，把缩放出的多边形 *KG'H'I'E'* 绘制出来，把线段 *EJ*、*FJ*、*GJ*、*HJ* 和 *IJ* 隐藏起来；单击【线段工具】 ，绘制线段 *EE'*、*FK*、*GG'*、*HH'* 和 *II'* 构造出棱台。

（9）单击【线段工具】 ，在空白处绘制线段 *MN*，在线段 *MN* 上取一点 *P*；依次选中点 *M*、点 *P*，执行【变换】|【标记向量】命令，标记向量 *MP*；选中多边形 *KG'H'I'E'* 和点 *J*，执行【变换】|【平移】命令，如图 7-48 所示。

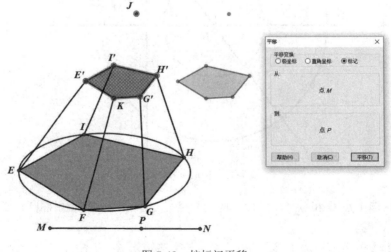

图 7-48　按标记平移

（10）把平移出来的多边形和点用【线段工具】 绘制出来，构造出小棱锥，并把背面看不见的线段改成虚线。

（11）依次选中点 P、点 N，执行【编辑】|【操作类按钮】|【移动】命令，把标签改为"拉出"；同理，依次选中点 P、点 M，执行【编辑】|【操作类按钮】|【移动】命令，把标签改为"放回"。选中点 P，执行【编辑】|【操作类按钮】|【动画】命令，把标签改为"观察"。最终效果如图 7-49 所示。

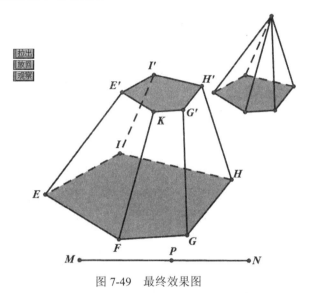

图 7-49　最终效果图

7.1.4 节的例 7-7 圆柱、圆锥和圆台的定义的制作步骤如下。

（1）利用【直线直尺工具】 ，绘制一条直线 m；单击【点工具】 ，在直线 m 上适当位置取 3 个点 O_1、O_2 和 O_3；单击【线段工具】 ，绘制线段 r。

视频讲解

（2）依次选中点 O_1 和线段 r，执行【构造】|【以圆心和半径绘圆】命令，绘制出圆 O_1；按相同的方法构造出另外两个圆 O_2 和 O_3。

（3）在圆 O_1 上取一点 A，同时选中点 A 和直线 m，执行【构造】|【垂线】命令，构造垂线 n；取直线 m 和 n 的交点 A'，单击【线段工具】 ，绘制线段 AA'；选中线段 AA'，执行【构造】|【中点】命令，构造出线段 AA'，的中点 A''；依次选中点 A'' 和点 A，执行【构造】|【轨迹】命令，构造出一个椭圆，如图 7-50 所示。

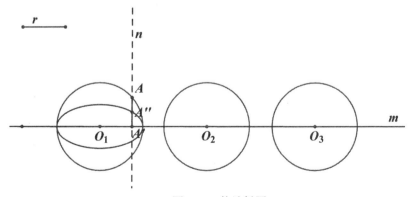

图 7-50　构造椭圆

（4）同时选中点 O_1 和直线 m，执行【构造】|【垂线】命令，构造垂线 l；在直线 l 上取一点 O_1'，依次选中点 O_1 和点 O_1'，执行【变换】|【标记向量】命令，标记向量 O_1O_1'；在椭圆上取一点 M，选中点 M，执行【变换】|【平移】命令，平移出点 M'；依次选中点 M' 和点 M，执行【构造】|【轨迹】命令，构造出另一个椭圆，如图 7-51 所示。

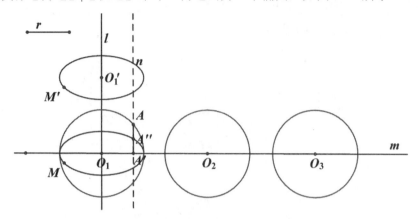

图 7-51　构造另一个椭圆

（5）单击【多边形和边工具】🔺，绘制出四边形 $MM'O_1'O_1$；选中线段 MM'，执行【显示】|【追踪线段】命令；选中点 M，执行【编辑】|【操作类按钮】|【动画】命令，把标签改为"圆柱"；利用【文本工具】 A 绘制一个文本"矩形"；把椭圆等不要的对象隐藏；单击"圆柱"按钮就可以演示圆柱的形成过程了，如图 7-52 所示。

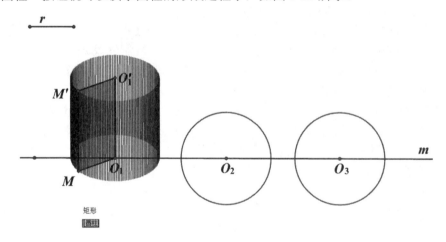

图 7-52　圆柱动画

（6）按照相同的方法绘制出三角形和梯形，要注意的是梯形的制作方法，可以采用缩放比的方法绘制梯形的上底，也可以采用绘制平行线的方法绘制梯形的上底，完成后如图 7-53 所示。

（7）同样地，设置追踪三角形和梯形的旋转线段，并制作好"圆锥"和"圆台"的动画按钮，把椭圆等不要的对象隐藏，即可完成整个课件的制作了。最终运行效果如图 7-54 所示。

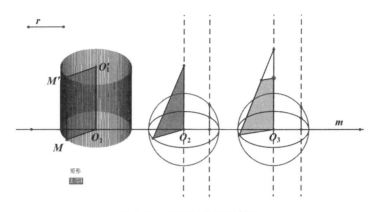

图 7-53 绘制三角形和梯形

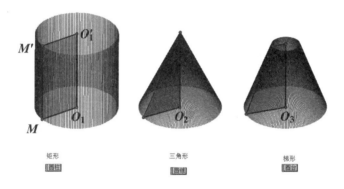

图 7-54 最终运行效果

7.1.5 节的例 7-8 利用导数知识求解三次函数问题的制作步骤如下。

（1）执行【绘图】|【定义坐标系】命令，显示坐标系，并把网格隐藏起来。

（2）单击【点工具】，在 x 轴上适当位置取 4 个点；依次选中这 4 个点和 x 轴，执行【构造】|【垂线】命令，构造出 4 条垂线；单击【点工具】，在 4 条垂线上分别各取一点，分别把标签命名为 a、b、c、d，隐藏这 4 条垂线；单击【线段工具】，把 x 轴上的点和垂线上的点连成线段，如图 7-55 所示。

视频讲解

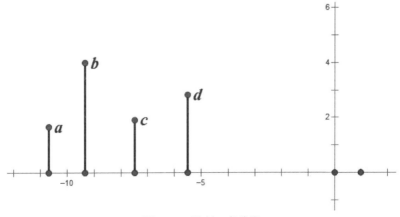

图 7-55 绘制 4 条线段

（3）依次选中 a、b、c、d 这 4 个点，执行【度量】|【纵坐标】命令，度量出 4 个点的纵坐标，并把标签改为 a、b、c、d。

（4）执行【绘图】|【绘制新函数】命令，在新建函数对话框中输入"$f(x) = a*x^3 + b*x^2 + c*x + d$"，新建一个三次函数。

（5）右击三次函数 $f(x) = ax^3 + bx^2 + cx + d$，在弹出的快捷菜单中选择【定义导函数】命令；右击所创建的导函数，在弹出的快捷菜单中选择【绘制函数】命令，绘制出导函数的图像，如图 7-56 所示。

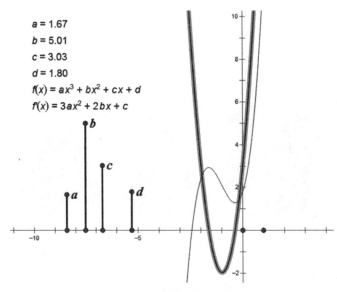

图 7-56　绘制导函数的图像

（6）同时选中导函数的图像和 x 轴，执行【构造】|【交点】命令；选中所构造的两个交点（若没有两个交点则可适当调整系数让它们相交）和 x 轴，执行【构造】|【垂线】命令；同时选中两条垂线和三次函数的图像，执行【构造】|【交点】命令，并把这两个交点的标签改为"M"和"N"；选中点 M 和点 N，执行【度量】|【纵坐标】命令，如图 7-57 所示。

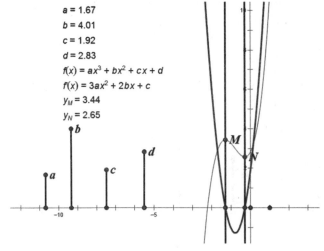

图 7-57　构造极值点

（7）选中点 M 和点 N，单击【线段工具】 ，把它们和 x 轴上的点连成线段，并把线段改成虚线，把垂线等不要的对象隐藏起来，完成课件的制作。最终效果如图 7-58 所示。

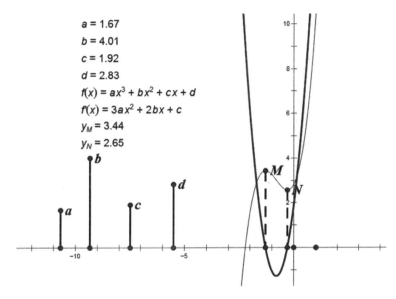

图 7-58　课件最终效果

7.1.6 节的例 7-9 指数函数的图像与性质的制作步骤如下。

（1）执行【绘图】|【定义坐标系】命令，显示坐标系，并把网格隐藏起来。

（2）执行【绘图】|【绘制新函数】命令，在新建函数对话框中输入" $f(x) = \left(\dfrac{1}{2}\right)^\wedge x$ "，

视频讲解

绘制一个指数函数 $y = \left(\dfrac{1}{2}\right)^x$ 的图像；按相同的方法绘制出 $y = \left(\dfrac{1}{3}\right)^x$ 、 $y = 2^x$ 、 $y = 3^x$ 与 $y = 10^x$ 的图像，如图 7-59 所示。

$$f(x) = \left(\frac{1}{2}\right)^x$$

$$g(x) = \left(\frac{1}{3}\right)^x$$

$$h(x) = 2^x$$

$$q(x) = 3^x$$

$$r(x) = 10^x$$

图 7-59　绘制 5 个指数函数图像

（3）执行【数据】|【新建参数】命令，新建一个参数 a；执行【绘图】|【绘制新函数】命令，在新建函数对话框中输入"a^x"，绘制以参数 a 为底的指数函数 $s(x) = a^x$，如图 7-60 所示。

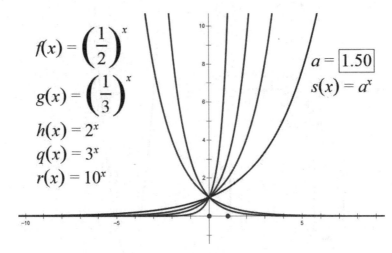

图 7-60　绘制指数函数 $s(x) = a^x$

（4）选中 $s(x) = a^x$ 的图像，执行【显示】|【追踪线段】命令；选中参数 a，连续按 Shift + "+"键和"−"键，此时学生会直观地观察到图像随参数 a 的改变而改变。

【案例 1-1】　小球的简谐振动动画。

（1）执行【绘图】|【定义坐标系】命令，显示坐标系，并把网格隐藏起来；执行【编辑】|【参数选项】命令，在弹出的对话框中把角度的单位改为"弧度"。

（2）单击【线段工具】 ，把原点和坐标为 (1,0) 的点连起来，绘制单位长度的线段；单击【点工具】 ，在 x 轴上适当位置取 1 个点 O；依次选中点 O 和单位长度线段，执行【构造】|【以圆心和半径绘圆】命令，绘制出圆 O，如图 7-61 所示。

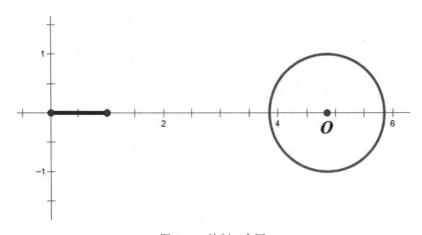

图 7-61　绘制一个圆

（3）单击【点工具】 ，在圆上取一点 B，取圆与 x 轴的交点为 C；依次选中点 B、点 O

和点 C，执行【度量】|【角度】命令，度量出 $\angle BOC$；执行【数据】|【计算】命令，计算出 $\angle BOC + \pi$ 的值，再计算出 $\cos(\angle BOC + \pi)$ 的值，如图 7-62 所示。

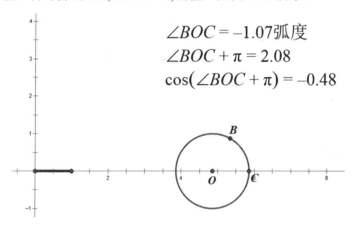

$$\angle BOC = -1.07\text{弧度}$$
$$\angle BOC + \pi = 2.08$$
$$\cos(\angle BOC + \pi) = -0.48$$

图 7-62　计算

（4）执行【绘图】|【绘制点】命令，在弹出的对话框中绘制点 $M(0, \cos(\angle BOC + \pi))$，如图 7-63 所示；按相同的方法再绘制出一个点 $N(0, 2)$。

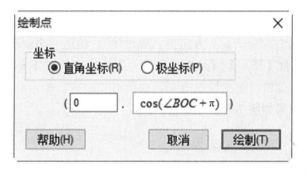

图 7-63　绘制点

（5）选中点 M，执行【变换】|【平移】命令，按直角坐标方式向右平移 0.5cm 得点 M'；按相同的方法把点 N 向左平移 0.5cm 得点 N'；依次选中点 M 和点 M'，执行【构造】|【以圆心和半径绘圆】命令，绘制出圆 M，如图 7-64 所示。

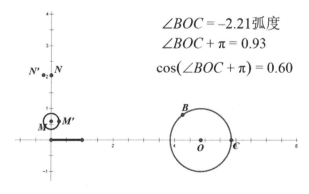

$$\angle BOC = -2.21\text{弧度}$$
$$\angle BOC + \pi = 0.93$$
$$\cos(\angle BOC + \pi) = 0.60$$

图 7-64　绘制圆 M

（6）选中圆 M，执行【构造】|【圆内部】命令，绘制出圆面；在网上找一张合适的弹簧图片，并复制到剪贴板上，依次选中 M 和 N'，把图片粘贴到画板中，如图 7-65 所示。

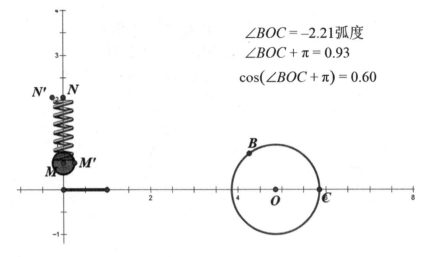

$$\angle BOC = -2.21\text{弧度}$$
$$\angle BOC + \pi = 0.93$$
$$\cos(\angle BOC + \pi) = 0.60$$

图 7-65　粘贴弹簧图

（7）依次选中 $\angle BOC + \pi$ 和 $\cos(\angle BOC + \pi)$，执行【绘图】|【绘制点 (x,y)】命令，绘制出点 $F(\angle BOC + \pi, \cos(\angle BOC + \pi))$，选中点 B，执行【编辑】|【操作类按钮】|【动画】命令，在弹出的对放框中设置动画的方向为"顺时针"，构造一个动画点按钮。

（8）选中点 F，执行【显示】|【追踪绘制的点】命令；单击【线段工具】 ，绘制线段 MF，并把它设置为虚线；把坐标系等不需要的对象隐藏，单击动画点按钮，就可以演示简谐振动的动画，效果如图 7-66 所示。

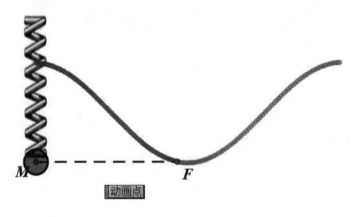

图 7-66　最终效果图

视频讲解

【案例 1-2】　描点作图——$y = 2\sin x$ 及 $y = \dfrac{1}{2}\sin x$ 的图像。

（1）执行【绘图】|【定义坐标系】命令，显示坐标系，并把网格隐藏；执行【编辑】|【参数选项】命令，在弹出的对话框中把角度的单位改为"弧度"；利用电子表格或者 Word 等软件制作一个表格，如图 7-67 所示。

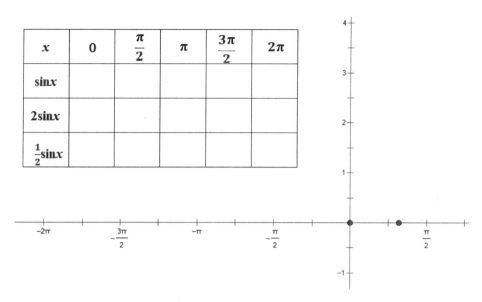

图 7-67　绘制表格

（2）执行【绘图】|【绘制点 (x, y)】命令，绘制出 5 个点 $(0,0)$、$\left(\dfrac{\pi}{2}, 1\right)$、$(\pi, 0)$、$\left(\dfrac{3\pi}{2}, -1\right)$、$(2\pi, 0)$；单击【文本工具】 **A**，在表格的第一行分别输入 "0" "1" "0" "-1" "0" 这 5 个函数值。

（3）同时选中原点和数字 0，执行【编辑】|【操作类按钮】|【显示/隐藏】命令，在弹出的【操作类按钮】对话框中把标签改为 "第 1 个点"；按相同的方法，构造出其余 4 个点的按钮，如图 7-68 所示。

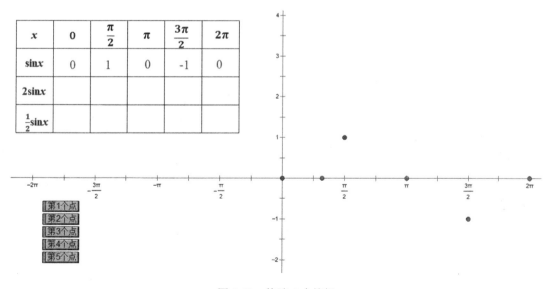

图 7-68　构造 5 个按钮

（4）同时选中 5 个按钮，执行【编辑】|【操作类按钮】|【系列】命令，在弹出的【操

作类按钮】对话框中把【系列动作】选择为"依序执行"，再把【动作之间暂停】改为"0.5 秒"，把标签改为"$y = \sin x$ 描点"，如图 7-69 所示。

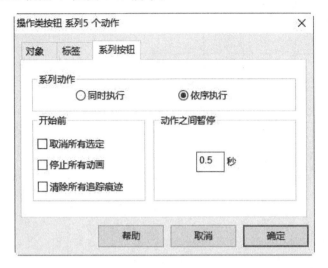

图 7-69　构造系列按钮

（5）执行【绘图】|【绘制函数】命令，绘制出 $y=\sin x$ 的函数图像；右击正弦曲线，在弹出的快捷菜单中选择【属性】命令，在弹出的对话框中选择【绘图】选项卡，将绘图的范围设置为 $0 \leqslant x \leqslant 2\pi$；并执行【编辑】|【操作类按钮】|【显示/隐藏】命令，在弹出的【操作类按钮】对话框中把标签改为"$y = \sin x$ 函数图像"。

（6）按相同的方法制作出在区间[0，2π]上的函数 $y = 2\sin x$ 及 $y = \frac{1}{2}\sin x$ 的演示动画，把三个函数图像的颜色设置为不同，让它们区别开来，完成后如图 7-70 所示。

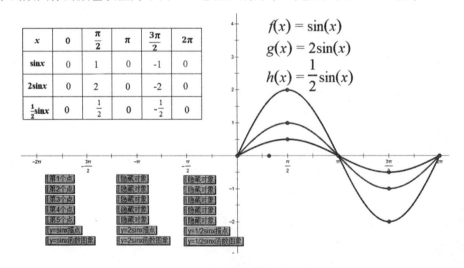

图 7-70　另两个函数演示动画

（7）把坐标系等不需要的对象隐藏，单击【动画】按钮，就可以演示动画。如图 7-71 所示是演示用描点法绘制 $y=\sin x$ 的函数图像的效果图。

x	0	$\dfrac{\pi}{2}$	π	$\dfrac{3\pi}{2}$	2π
$\sin x$	0	1	0	-1	0
$2\sin x$					
$\dfrac{1}{2}\sin x$					

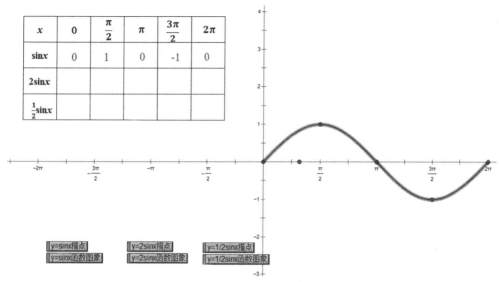

图 7-71　课件演示效果图

【案例2】　二次函数在指定区间上的值域的求法。

（1）执行【绘图】|【定义坐标系】命令，显示坐标系；执行【绘图】|【隐藏网格】命令，把网格隐藏起来。

（2）在 x 轴上任取三点 A、B、C，同时选中三点 A、B、C 和 x 轴，执行【构造】|【垂线】命令，得到三条直线 j、k、l；分别在三条直线 j、k、l 上各取一点，将这三点的标签分别命名为 a、b、c。

（3）同时选中三条垂线，按快捷键 Ctrl+H，隐藏三条垂线。单击【线段工具】 ，分别连接 a、b、c 与 x 轴上对应的三点 A、B、C，得到三条线段；同时选中 x 轴上的三点，按快捷键 Ctrl+H，隐藏三点 A、B、C。

（4）同时选中三点 a、b、c，执行【度量】|【纵坐标】命令；单击【文本工具】，双击度量值，分别将标签改为 a、b、c。完成后如图 7-72 所示。

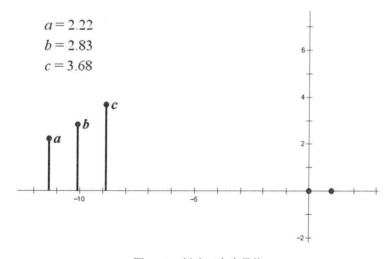

图 7-72　新建三个度量值

（5）执行【数据】|【新建函数】命令，打开【新建函数】对话框，输入"a*x^2+b*x+c"，如图 7-73 所示，单击【确定】按钮，新建函数 $f(x) = ax^2+bx+c$。

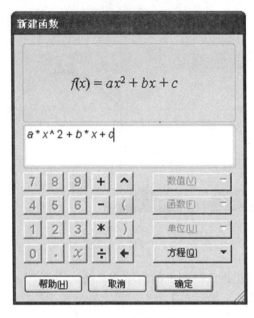

图 7-73 新建函数

（6）右击函数 $f(x) = ax^2+bx+c$，在弹出的快捷菜单中选择【绘制函数】命令，绘制出函数 $f(x)=ax^2+bx+c$ 的图像。

（7）单击【线段工具】/，在 x 轴上绘制一条线段 GH；单击【点工具】·，在线段 GH 取一点 I；选中点 I，执行【度量】|【横坐标】命令，得到点 I 的横坐标 x_I；执行【数据】|【计算】命令，计算出 $f(x_I)$ 的值；依次选中 x_I 和 $f(x_I)$，执行【绘图】|【绘制点 (x,y)】命令，绘制出点 J；依次选中点 I 和点 J，执行【构造】|【轨迹】命令，构造出在线段 GH 区间上的二次函数图像，如图 7-74 所示。

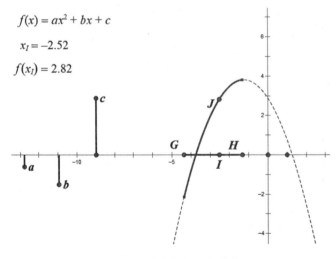

图 7-74 绘制区间上的图像

（8）选中点 G 和点 H，执行【度量】|【横坐标】命令，度量出 x_G 和 x_H 的横坐标；执行【数据】|【计算】命令，计算出 $f(x_G)$ 和 $f(x_H)$ 的值；根据闭区间连续函数的性质，二次函数的最值也有可能在顶点处取得，因此还需要再把顶点的纵坐标计算出来，如图 7-75 所示。

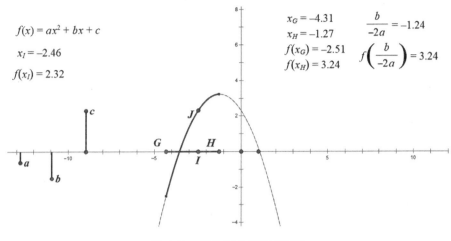

图 7-75　度量端点和顶点的值

（9）把不需要的对象隐藏，就可以拖动线段 GH 改变位置以及改变线段的长度进行函数的最值讨论了。

7.4　本章习题

一、选择题

1. 几何画板与课程整合主要应用于（　　）。
　　①创设情境 ②自主探究 ③动态演示 ④概念教学 ⑤辅助解题 ⑥参数讨论
　　A．①②③④　　　　B．①②④⑤　　　　C．①②③④⑤⑥　　　　D．①③④⑤⑥
2. 一个标准的教学案例的教学设计应该包括（　　）。
　　①教学目标 ②教学重点和难点 ③教学对象分析 ④教学策略及教法设计 ⑤教学过程 ⑥反思与小结
　　A．①②③④⑤　　　B．①②④⑤⑥　　　C．①③⑤④⑥　　　　D．①②③④⑤⑥
3. 在几何画板中要增加或减少课件页面是在（　　）菜单选项中操作。
　　A．【显示】　　　　B．【编辑】　　　　C．【文件】　　　　　D．【窗口】
4. 几何画板中，要想从一个课件页面导航到另一个课件页面，不能通过（　　）方式实现。
　　A．一个课件页面做成一个文件在外部调用
　　B．构造页面链接按钮
　　C．利用画板左下角的页面标签选择跳转
　　D．利用一个函数实现跳转

二、填空题

1．几何画板已经可以和 PowerPoint 实现_____。

2．在几何画板中要插入一个外部声音文件，可以使用构造_____按钮来实现。

3．在几何画板中用链接按钮来实现插入外部文件时，最好使用相对路径，也就是把外部文件和几何画板本身文件放在_____内。

4．在利用几何画板制作课件时，一般可以采用其他的软件，如_____等制作课件的封面或导航。

7.5　上机练习

练习 1　制作一个含有整个教学过程的几何画板课件框架

本练习是制作一个完整的课件框架，效果如图 7-76 所示，共 6 个页面，能实现单击导航条的文字就链接到相应的页面。在制作课件的过程中，涉及本章学习的【文件】菜单中链接操作类按钮和插入链接到文本的使用方法等知识。

主要制作步骤提示：

（1）新建一个几何画板文件。

（2）利用其他软件制作好课件封面背景并把它粘贴到几何画板里。

（3）利用【文件】菜单中的【文档选项】命令构造 6 个页面，如图 7-77 所示。

（4）利用文本工具新建 1 个文本，单击【复习回顾】链接按钮就可以把链接插入文本中；按相同的方法制作另外 4 个文本链接。

（5）按相同的方法制作另外 5 个页面，把不必要的对象隐藏并保存。

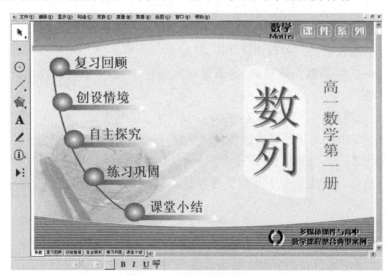

图 7-76　课件框架图

图 7-77　【文档选项】对话框

练习 2　制作一个课程教学案例

本练习是要求自选课题制作一个几何画板课件与课程整合的完整案例，如选择"一元二次不等式的解法"这节课。

主要制作步骤提示：

（1）编写教学设计。

（2）制作和收集多媒体素材。

（3）运用几何画板+其他辅助软件创作平台开发课件。

几何画板 5.0 的菜单简介

几何画板的功能菜单栏包含 10 个菜单。它们都是下拉式菜单，每个下拉式菜单包含若干个命令子菜单，几何画板的大部分功能都是通过这些命令菜单完成的。

1.【文件】菜单

(1)【新建文件】：新建一个几何画板窗口。

(2)【打开】：打开一个已经存在的几何画板文件。

(3)【画板课堂链接】：打开远程服务器上的几何画板文件。

(4)【保存】：保存当前画板窗口的文件。

(5)【另存为】：将当前画板文件以另一个名字（或格式）保存。

(6)【关闭】：关闭当前文件窗口。

(7)【文档选项】：文档管理，管理页面与自定义工具。如给本文档增加、删除和复制一个页面；复制、删除文档中的自定义工具。

(8)【页面设置】：设置打印的页面。

(9)【打印预览】：预览当前窗口中对象的打印情况。

(10)【打印】：打印当前窗口。

(11)【退出】：退出几何画板。

2.【编辑】菜单

(1)【撤销】：撤销最近一次所进行的操作。撤销全部操作可按 Ctrl+Shift+Z 快捷键。

(2)【重做】：恢复刚撤销的最近一次的操作。恢复刚撤销的全部操作可按 Ctrl+Shift+R 快捷键。

(3)【剪切】：把选中的对象剪切到剪贴板中。

(4)【复制】：把选中的对象复制到剪贴板中。

(5)【粘贴】：把剪贴板中的对象粘贴到画板中。

(6)【粘贴图片】：把复制到剪贴板中的图片、文本等以图片格式粘贴到画板中。

(7)【清除】：清除被选中的对象以及依赖该对象的其他对象。

(8)【操作类按钮】：进入【隐藏/显示】、【动画】、【移动】、【系列】、【声音】、【链接】、【滚动】按钮设置，产生相应的按钮。

(9)【全选】：选中屏幕上（绘图板）的所有对象，或者选择工具箱中被选中的工具（点、线、圆）指示的对象。

(10)【选择父对象】：选中当前对象的父对象。

(11)【选择子对象】：选中当前对象的子对象。

(12)【剪裁图片到多边形】：把图片剪裁到多边形上，要求图片和多边形有相交部分。

（13）【分离/合并】：对象间的合并与拆分，如使某点位于某圆上，文本与点合并，文本与数值合并，几段文本合并等（或者进行拆分）。

（14）【编辑定义】：编辑已经有的定义，如编辑已经有的计算式、函数表达式、方程、参数、绘制的点的坐标等。

（15）【属性】：了解或修改对象的属性，如修改对象的标签，是否需要隐藏对象，对象是否允许被选择工具选中，了解对象的子对象、父对象等属性。

（16）【参数选项】：设置系统参数，如精确度、各种对象的颜色、文本（标签）的格式等。

（17）【高级参数选项】：设置系统的高级参数，如打印精度、动画速度、坐标系单位长度等。

3.【显示】菜单

（1）【点型】：设置当前选中的点对象为最小、稍小、中等和最大。

（2）【线型】：设置当前选中对象的（直线或曲线）线型为虚线、细线或粗线。

（3）【颜色】：设置当前选中对象的颜色，还可进行参数设置（颜色与数字关联）或颜色编辑。

（4）【文本】：设置当前选中对象的标签、注解、度量值等文字的字体（在设置被改变前一直有效）。

（5）【隐藏对象】：隐藏当前选中的对象。

（6）【显示所有隐藏】：显示画板中所有被隐藏的对象（显示后处于选中状态）。

（7）【显示标签】：显示（或隐藏）所选中对象（包括轨迹、图像等）的标签，是一个开关选项。

（8）【标签】：显示所选中的一个对象的属性对话框。可以修改它的标签，可以给一组对象依次加注标签。

（9）【追踪】：设置所选中的点、线、圆、轨迹、图像等对象为跟踪状态，在移动该对象时显示其踪迹。如果已经设置为跟踪状态，再次设置则为消除对前次的设置。

（10）【擦除追踪踪迹】：从屏幕上清除所有由追踪对象所产生的对象的踪迹。

（11）【动画】：使所有被选中的几何对象（点、线、圆、轨迹、图像等）运动起来，同时显示运动控制台。

（12）【加速】：增大对象的运动速度。

（13）【减速】：减小对象的运动速度。

（14）【停止动画】：停止动画。停止后对象处于选中状态，也可以按 Esc 键两次来终止动画。

（15）【隐藏文本工具栏】：隐藏（或者显示）文本编辑工具栏。开关选项。

（16）【显示运动控制台】：显示（或者隐藏）运动控制台。开关选项。

（17）【隐藏工具箱】：隐藏（或者显示）画板工具箱。开关选项。

4.【构造】菜单

（1）【对象上的点】：选中一个或几个路径，在上面随机画出一点。路径可以是线段、射线、直线、圆、圆弧、填充多边形的边界（弓形或扇形）、坐标轴、点的轨迹或者函数图像。

（2）【中点】：选中一条或几条线段，分别作出这些线段的中点。

（3）【交点】：选中两个几何对象（线段、射线、圆、圆弧等），作出两者的交点。

（4）【线段】：选中两个点，用线段连接这两点；选中三个以上点，按顺序用线段连接这些点，最后连接终点和起点。

（5）【射线】：先后选中两个点，按顺序连接这两点的射线；选中三个以上点，按顺序用射线连接这些点，最后连接终点和起点。

（6）【直线】：选中两个点，用直线连接这两点；选中三个以上点，按顺序用直线连接这些点，最后连接终点和起点。

（7）【平行线】：选中一条直线和一个点，作过这一点与这条直线平行的平行线；选中一条直线和两个以上点，分别作过这些点且平行于这条直线的平行线；选中两条以上直线和一个点，作过这一点分别平行于各条直线的平行线。

（8）【垂线】：选中一条直线和一个点，作过这一点与这条直线的垂直线；选中一条直线和两个以上点，作过这些点垂直于这条直线的垂直线；选中两条以上直线和一个点，作过这一点垂直于各直线的垂直线。

（9）【角平分线】：选中不在一直线上的三个点，以第二个点作为角的顶点，第一个点和第三个点是角的两边上的点，作出角的平分线（射线）。

（10）【以圆心和圆周上的点绘圆】：根据两个点画圆。第一个点是圆心，第二个点是圆要经过的点。

（11）【以圆心和半径绘圆】：根据一点和一条线段（或者一个长度值）画圆。点是圆心，线段（或者一个长度值）决定圆的半径大小。

（12）【圆上的弧】：选中一个圆和圆上两点，从第一个点开始，沿着圆，按逆时针方向作到第二个点的弧；也可以选中三个点，先选中圆心再依逆时针方向选择圆上的两个点，或者选中线段中垂线上的一点以及线段的两个端点（逆时针）。

（13）【过三点的弧】：选中三个点，从第一个点开始，作过第二个点到第三个点的圆弧（逆时针）。

（14）【内部】：不同的选择会使菜单项发生相应变化。选中三个以上点，以这些点按顺序作为"多边形"的顶点，填充"多边形内部"；选中一个圆（或同时选中几个圆），可填充圆内部；选中一段弧（或同时选中几段弧），可填充扇形内部；选中一段弧（或同时选中几段弧），可填充弓形内部。

（15）【轨迹】：同时选中一个点和一个相关对象（点、线、圆），点可以在它所在的路径（线、圆、轨迹、图像）上运动。此时相关对象会产生在点运动范围内的轨迹。

5.【变换】菜单

（1）【标记中心】：把一点标记（定义）为旋转中心或缩放中心。旋转或缩放某对象时的设置。

（2）【标记镜面】：把一条线标记（定义）为反射镜面（对称轴）。反射某些对象时的设置。

（3）【标记角度】：选中三个点，标记一个角（中间一点为角的顶点）或者选中一个角度值。可用于控制被旋转的对象。

（4）【标记比】：先后选中在一条线上的三个点 A、B、C 形成的比 AC/AB；标记线段比，先后选中两条线段，定义这两条线段（先比后）的比；标记比值，选中一个没有单位的数值。以上比值可用于控制被缩放的对象。

（5）【标记向量】：先后选中两点，标记从第一点到第二点的向量。可用于控制对象的平移。

（6）【标记距离】：选中一个或者两个带长度单位的度量值或计算值。可用于控制被平移的对象。

（7）【平移】：进入平移方式的有关设置，平移被选中的对象。

（8）【旋转】：先标记一点为中心，选中被旋转的对象，单击此菜单进入旋转方式的设置。绕中心点旋转被选中的对象。

（9）【缩放】：先标记一点为中心，选中被缩放的对象，单击此菜单进入缩放比的设置。依中心缩放被选中的对象。

（10）【反射】：先标记一条线为反射镜面（对称轴），把选中的对象依标记进行镜面反射。

（11）【迭代】：选中一个点或几个点或参数，然后形成由它们迭代而成的对象或数值（迭代深度默认为 3）。

（12）【深度迭代】：按住 Shift 键，原来的【迭代】菜单变成了【深度迭代】菜单。选中一个点或几个点或参数，最后选中的必须是控制迭代深度的数值，然后形成由它们迭代而成的对象或数值。

（13）【创建自定义变换】：多个变换可以组合成一个自定义变换。此时【变换】菜单的最后会新增一栏自定义变换，此变换可重复用于其他的对象变换。

（14）【编辑自定义变换】：对自定义变换进行删除和排序编辑。

6.【度量】菜单

（1）【长度】：选中一条或者几条线段，度量出线段的长度。

（2）【距离】：给出两点，度量两点之间的距离；给出一点和一线，度量点到线的垂直距离。

（3）【周长】：选中多边形、扇形或弓形内部，度量出图形的周长。

（4）【圆周长】：选中一个圆或几个圆或填充的圆的内部，度量出圆的周长。

（5）【角度】：选中三个点，第二个点是顶点，第一个点和第三个点在角的两边上，度量出的角度（最大为 180°）。

（6）【面积】：选中一个圆或几个圆或者被填充的多边形、圆、扇形或弧弦，度量出图形的面积。

（7）【弧度角】：选中一段或几段弧，或者一个圆以及圆上的两个点，或者一个圆以及圆上的三个点，或者一个（几个）扇形，或者一个（几个）弓形，度量所对应的圆心角的度数。

（8）【弧长】：选中一段或几段弧，或者一个圆以及圆上的两个点，或者一个圆以及圆上的三个点，或者一个（几个）扇形，或者一个（几个）弓形，度量所对应的弧的长度。

（9）【半径】：选中一个或者几个圆、圆弧、扇形、弓形，度量出对应的圆半径。

（10）【比】：选中两条线段或者一条线上的三点 A、B、C，度量第一条线段的长度与第二条线段的长度的比或者 AC/AB（可为负数）。

（11）【点的值】：选中对象（线段、圆、多边形及其他图形），度量点在对象上相对位置的值。

（12）【坐标】：选中一个或几个点，度量出点的坐标值（和坐标系类型有关：直角坐标或极坐标）。

（13）【横坐标】：选中一个或几个点，度量出点的横坐标值（直角坐标）。

（14）【纵坐标】：选中一个或几个点，度量出点的纵坐标值（直角坐标）。

（15）【坐标距离】：选中两个点，度量这两点在相应的直角坐标系中的距离值。

（16）【斜率】：选中一条线段、射线或直线，度量出所在直线的斜率。

（17）【方程】：选中几条直线（不是射线或线段）或几个圆，度量出直线方程或圆的方程。

7.【数据】菜单

（1）【新建参数】：可以建立一个参数变量，单位可以是角度和距离，也可以无单位。

（2）【计算】：显示画板提供的计算器，进入代数运算或函数运算。

（3）【制表】：选中一个或一个以上的度量值或计算值，产生它们的列表。

（4）【添加表中数据】：选中表格，单击此菜单，弹出一个对话框。在对话框中可以选择给表格添加一个新条目，或者选择当数值改变时添加自定义数量的条目。

（5）【删除表中数据】：选中表格，单击此菜单，弹出一个对话框。在对话框中选择删除表格中的最后条目或所有条目。

（6）【新建函数】：显示函数式编辑器，编辑函数表达式 $y=f(x)$，或者 $x=f(y)$，或者 $\rho=f(\theta)$，或者 $\theta=f(\rho)$。

（7）【定义导函数】：选中已经存在的一个或几个函数表达式，计算出它（或它们）的导函数表达式。

（8）【定义绘图函数】：选中一张图片，单击后计算出它的函数，但是没有具体的表达式。

8.【绘图】菜单

（1）【定义坐标系】：建立坐标系。

（2）【标记坐标系】：在有几个坐标系的情况下标记某个坐标系为当前坐标系。

（3）【网格样式】：设置网格样式，有极坐标网格、方形网格和矩形网格三种样式。若选择三角形网格，则网格单位以弧度作为单位。

（4）【显示（隐藏）网格】：显示（隐藏）当前所标记的坐标系的网格线。

（5）【格点】：只显示网格的交点。

（6）【自动吸附网格】：使所画点为"整点"（直角坐标系）或极径为整数、极角为 15° 的整数倍的点（极坐标系），拖动时总被吸附在整点上。

（7）【在轴上绘制点】：在坐标轴、直线和曲线上绘制点。

（8）【绘制点】：绘出给出的坐标值（极坐标或者直角坐标）的固定点。可以通过修改属性修改坐标。

（9）【绘制表中数据】：根据表格数据绘制点。

（10）【绘制新函数】：同【数据】菜单中的【新建函数】菜单。

（11）【绘制函数】：选中已经存在的一个或几个函数表达式，【绘制新函数】成为此菜单，单击后立即画出它们的图像。

（12）【绘制参数曲线】：选中已经存在的两个函数表达式作为横、纵坐标绘制曲线。

9.【窗口】菜单

（1）【层叠窗口】：各窗口呈层叠排列形式。
（2）【平铺窗口】：各窗口呈平铺排列形式。

10.【帮助】菜单

各种帮助资源。

图书资源支持

感谢您一直以来对清华版图书的支持和爱护。为了配合本书的使用,本书提供配套的资源,有需求的读者请扫描下方的"书圈"微信公众号二维码,在图书专区下载,也可以拨打电话或发送电子邮件咨询。

如果您在使用本书的过程中遇到了什么问题,或者有相关图书出版计划,也请您发邮件告诉我们,以便我们更好地为您服务。

我们的联系方式:

地　　址:北京市海淀区双清路学研大厦 A 座 714

邮　　编:100084

电　　话:010-83470236　010-83470237

客服邮箱:2301891038@qq.com

QQ:2301891038(请写明您的单位和姓名)

资源下载: 关注公众号"书圈"下载配套资源。

资源下载、样书申请

书圈

获取最新书目

观看课程直播